建筑专业课程改革实验教材

建筑工程测量

主　编　赵　霞　高　静　崔苗苗

副主编　李　娜　李莹雪　杨会芹

参　编　付作勤

主　审　段　欣

電子工業出版社

Publishing House of Electronics Industry

北京•BEIJING

内 容 简 介

本书根据教育部发布的《中等职业教育专业简介》（2022 年 9 月修订）中土木建筑大类的相关教学内容和要求，并参照相关行业标准编写而成。

本书共设计了 8 个项目、37 个任务，有针对性地构建了测量基础知识、水准测量、角度测量、水平距离测量、小地区控制测量、大比例尺地形图测绘、建筑施工测量、建筑物变形观测 8 个能力单元。本书设计体现了“项目导向、任务驱动”的教学理念；教学内容相互关联、相对独立，以“必需、够用”为原则，突出职业能力培养，为学生提供了丰富的教学资源。

本书可作为中等职业学校土木建筑类专业的核心课程教材，也可作为相关专业人员学习、培训、比赛的参考用书。

图书在版编目（CIP）数据

建筑工程测量 / 赵霞，高静，崔苗苗主编. —北京：电子工业出版社，2024.3
ISBN 978-7-121-47584-9

Ⅰ. ①建… Ⅱ. ①赵… ②高… ③崔… Ⅲ. ①建筑测量 Ⅳ. ①TU198

中国国家版本馆 CIP 数据核字（2024）第 063368 号

责任编辑：张镨丹
印　　刷：涿州市京南印刷厂
装　　订：涿州市京南印刷厂
出版发行：电子工业出版社
　　　　　北京市海淀区万寿路 173 信箱　　邮编：100036
开　　本：880×1 230　1/16　印张：10.75　字数：258 千字
版　　次：2024 年 3 月第 1 版
印　　次：2024 年 3 月第 1 次印刷
定　　价：35.00 元

凡所购买电子工业出版社图书有缺损问题，请向购买书店调换。若书店售缺，请与本社发行部联系，联系及邮购电话：（010）88254888，88258888。

质量投诉请发邮件至zlts@phei.com.cn，盗版侵权举报请发邮件至dbqq@phei.com.cn。

本书咨询联系方式：（010）88254549，zhangpd@phei.com.cn。

前言

PREFACE

党的二十大报告强调，“必须坚持科技是第一生产力、人才是第一资源、创新是第一动力”。培养大国工匠和技能型人才势在必行。为建立健全教育质量保障体系，提高教育质量，教育部发布了《职业教育专业目录》（2021 年）和《中等职业教育专业简介》（2022 年 9 月修订）。本书根据最新专业标准中的相关内容和要求编写而成。

建筑工程项目在规划、设计、施工乃至使用的各个阶段都需要进行测量。掌握建筑工程测量的知识与技能是建筑工程相关专业技术人员的基本要求。本书从建筑行业一线对技能型人才的需求出发，参照国家与行业最新规范、规程及相关标准，根据技术应用型人才培养要求及工程实际应用与最新发展动态，以“必需、够用”为原则，着重介绍土木建筑生产一线正在使用的测量技术。

本书的编写本着有利于加强基础理论学习、有利于职业能力培养、有利于知识面拓展和少而精的原则，努力做到通用性、实用性、先进性相统一。同时，针对职业院校学生学习测量学知识的特点，本书内容力求简明扼要、深入浅出，不仅便于教师组织教学，还适合学生自学。

本书的主要特点是，通过信息收集、资料整理、方法总结、内容提炼等手段，基于“岗赛课证+思政”融通，制作了教学课件、动画，录制了微课视频，编写了习题集。每个项目中都插入了二维码标识资源，读者可以通过移动设备扫描二维码方便地观看这些资源，以加深对课程的理解。本书编排体现了教、学、做相结合，以及理实一体化。本书按照建筑产品的生产过程，基于建筑工程测量的工作任务对所需知识进行分解与重构，以项目为导向，以任务为载体，体现能力本位，重视基本操作技能培养，完成了一次从传统教材到新形态一体化教材的蜕变。

本书适合中等职业学校建筑工程施工、装配式建筑施工、市政工程施工、建筑工程造价、城镇建设、园林景观施工与维护及给排水工程施工与运行等专业的学生使用，也可作为相关专业人员学习、培训、比赛的参考用书。

本书由滨州职业学院赵霞、高静、崔苗苗担任主编，山东省教育科学研究院段欣担任主审，滨州职业学院李娜、李莹雪、杨会芹担任副主编，青岛交科建设集团有限公司付作勤工程师参与编写。还有一些老师和学生参与了实训指导和示教工作，在此表示诚挚的谢意！

在本书的编写过程中，编者参阅了大量文献，引用了同类书刊中的部分资料，在此谨向有关作者表示衷心的感谢！

由于编者水平有限，书中难免存在不足与疏漏之处，恳请专家、读者批评指正。

编　者

目录
CONTENTS

项目 1

测量基础知识

知识目标

了解测量学的概念、分类；了解建筑工程测量的任务及要求；了解测量工作的基准面、基准线的定义；理解确定地面点位的方法，包括平面位置、高程位置的确定方法；了解用水平面代替水准面的限度；了解测量工作的基本内容和原则；初步认识测量误差及衡量精度的标准。

能力目标

理解并掌握测量工作的基准面、基准线；能够确定地面点位；能够计算绝对高程、相对高程、高差；掌握测量工作的基本内容和原则。

项目导入

测量工作贯穿于建筑工程施工的整个过程。如何保证建筑物（构筑物）的平面位置正确，以及竖向标高、垂直度、构件安装的精度满足施工要求，是建筑工程施工的关键，也是建筑工程测量研究的主要内容。本项目介绍的内容是进行建筑工程测量的必备知识，也是学好建筑工程测量课程的前提和基础。

任务 1.1 认识建筑工程测量

在线课：认识建筑工程测量

1.1.1 测量学的概念

测量学是一门研究地球空间信息的科学，包括研究地球的形状和大小，以及确定测量中的地面点位，其任务主要有以下三个方面。

一是研究并确定地球的形状和大小，为地球科学提供必要的数据和资料。

二是将地物、地貌测绘成图。

三是将图纸上的设计成果测设至现场。

1.1.2 测量学的分类

测量学按照研究范围和对象的不同，产生了许多分支学科，主要包括大地测量学、海洋测绘学、地图制图学、摄影测量和工程测量学等。本书主要介绍工程测量学的内容。工程测量学是研究工程建设和自然资源开发中各阶段进行的控制测量、地形测绘、施工放样、变形监测，以及建立相应信息系统的理论和技术的学科。

工程测量学的任务：为工程建设服务。

工程测量学的内容：测定和测设。

工程测量学的实质：确定点的空间位置。

工程测量学的内容，就其性质而言，可分为测定和测设两部分。

测定是指用恰当的测量仪器、工具和测量方法对地物和地貌的位置进行实地测量并按照一定的比例尺缩绘成图的过程（包括图根控制测量、地形测量、竣工测量、变形测量等）。

测设是指用恰当的测量仪器、工具和测量方法将规划、设计在图纸上的建筑物、构筑物标定到实地上，作为施工依据的过程（包括建筑基线及建筑方格网的测设、施工放样、设备安装测量等）。

测定与测设是逆过程，即

$$\text{实地} \xleftrightarrow[\text{测量方法}]{\text{测量仪器、工具}} \text{图纸}$$

1.1.3 建筑工程测量的任务及要求

建筑工程测量是工程测量学的一个重要组成部分，是研究建筑工程在规划设计阶段、施工准备阶段、施工阶段、竣工验收阶段、运营管理阶段所进行的各种测量工作的理论、技术和方法的学科。

1. 建筑工程测量的主要任务

（1）规划设计阶段：测绘大比例尺地形图。

（2）施工准备阶段：按图纸要求实地标定建筑物、构筑物的平面位置和高程。

（3）施工阶段：进行施工放样，对施工和安装工作进行检验、校核。

（4）竣工验收阶段：检测工程各主要部位的实际平面位置、高程和竖直方向及相关尺寸，编绘竣工图。

（5）运营管理阶段：定期进行变形观测（大型和重要建筑物）。

2. 建筑工程测量的基本要求

建筑工程的每个阶段都离不开测量工作，测量的精度和速度直接影响整个工程建设的质量与速度。建筑工程测量是一项非常细致的工作，稍有不慎就会影响工程进度甚至造成返工浪费，因此要求测量人员必须做到以下几点。

（1）对工作负责，保持严肃认真的科学态度，做到观测、计算步步校核，以保证测量结果的精度。

（2）按照现行规范、规程作业，遵循精度标准，严守岗位责任制，以保证测量结果的质量。

（3）在测量工作中发扬团队合作精神，相互配合，互学互助。

（4）做好测量标志的设置和保护工作。

（5）爱护测量仪器、工具，正确使用并定期维护和校核测量仪器、工具。

任务 1.2 测量中地面点位的确定

在线课：地球的形状和大小

1.2.1 地球的形状和大小

测量工作是在地球的自然表面上进行的，而地球的自然表面是极不平坦和不规则的，有面积约占 71%的海洋和面积约占 29%的陆地，也有海拔高达 8848.86m 的珠穆朗玛峰和深达 10 928m 的马里亚纳海沟。但这样的高低起伏相对于体积庞大的地球来说还是很小的。

1. 水准面和水平面

人们设想以一个静止不动的海平面延伸穿越陆地，形成一个闭合的曲面包围整个地球，这个闭合曲面称为水准面。

水准面的特点是，水准面上任意一点的铅垂线都垂直于该点的曲面。

与水准面相切的平面称为水平面。

2. 大地水准面

水准面有无数个，其中与平均海水面相吻合的水准面称为大地水准面，它是测量工作的基准面，也是绝对高程的起算面。大地水准面上的绝对高程均为零。由大地水准面所包围的形体称为大地体。

3. 铅垂线

水准面的特性是处处与铅垂线垂直。由于地球在不停地旋转，因此地球上每个点都受离心力和地心引力的作用，使地面上的物体不致自由离开。这两种力的合力称为重力，重力的方向线称为铅垂线。铅垂线是测量工作的基准线，高程必须沿铅垂线方向来衡量。

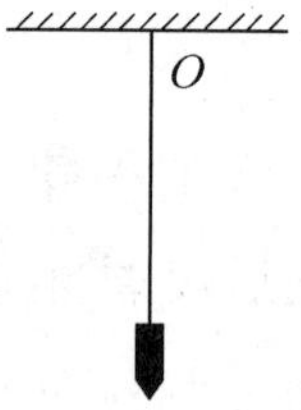

图 1-1　获得铅垂线的方法示意图

在测量工作中，获得铅垂线的方法示意图如图 1-1 所示。

4. 参考椭球体

地球内部质量分布不均匀，使大地水准面成为一个有微小起伏的、不规则的、很难用数学公式表示的复杂曲面，如图 1-2（a）所示。为了解决投影计算问题，我们取与大地水准面最为接近的、可用数学公式表示的椭球面来作为测量计算工作的基准面。这个椭球面是由长半轴为 a、短半轴为 b 的椭圆 $NWSE$ 绕其短轴 NS 旋转而成的面，称为参考椭球面。通常选用参考椭球面来表示地球的形状。参考椭球体是由椭圆 $NWSE$ 绕其短轴 NS 旋转而成的形体，又称旋转椭球体，如图 1-2（b）所示。

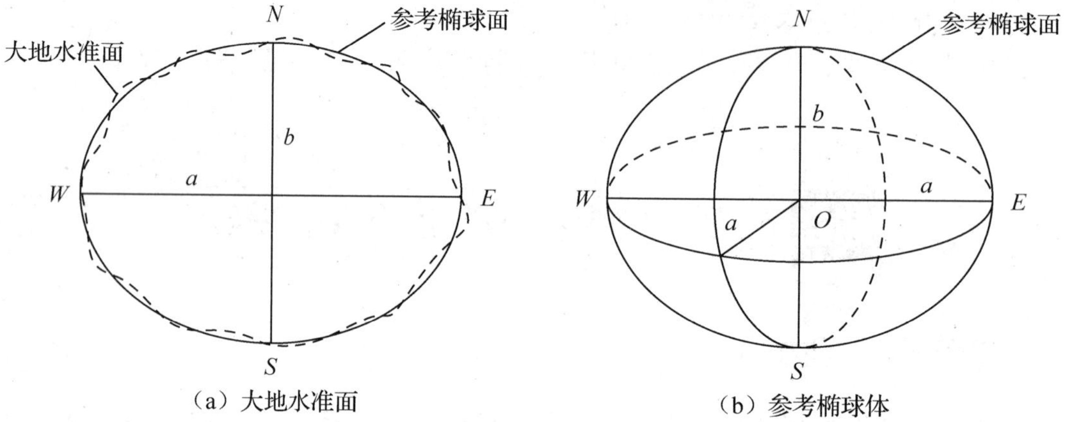

图 1-2　大地水准面与参考椭球体

由于参考椭球体的扁率 α 很小，因此当测量的区域不大时，可将地球看作半径 $R=(2a+b)/3\approx6371\text{km}$ 的圆球。

由于地球半径较大，因此当在小范围内进行平面距离测量时，可以用水平面代替大地水准面。

综上所述，人们对地球的认识过程为自然球体→大地体→参考椭球体→球体。

1.2.2　确定地面点位的方法

在线课：确定地面点位的方法

测量工作的实质是确定地面点的位置，地面点的空间位置须由三个参数来确定，即地面点在大地水准面上的投影位置（两个参数：λ、φ 或 x、y）和地面点的高程 H（一个参数）。

1. 地面点在大地水准面上的投影位置

地面点在大地水准面上的投影位置可用地理坐标、高斯平面直角坐标和独立平面直角坐标表示。

（1）地理坐标。地理坐标是指用经度 λ 和纬度 φ 表示的地面点在大地水准面上的投影位置。

（2）高斯平面直角坐标。利用高斯投影法建立的平面直角坐标系称为高斯平面直角坐标系。在广大区域内确定地面点的平面位置，一般采用高斯平面直角坐标。高斯投影法是指先将地球划分成若干带，然后将每个带投影到平面上。如图 1-3 所示，投影带 6° 带的划分是指从首子午线（通过英国格林尼治天文台的子午线）起，每隔经度 6° 划分一个带，称为 6° 带，将整个地球划分成 60 个带。带号从首子午线起自西向东编，0°～6° 为第 1 号带，6°～12° 为第 2 号带，依次类推。位于各带中央的子午线称为中央子午线，第 1 号带中央子午线的经度为 3°，任意号带中央子午线的经度 λ_0 可按式（1-1）计算，即

$$\lambda_0=6^\circ N-3^\circ \tag{1-1}$$

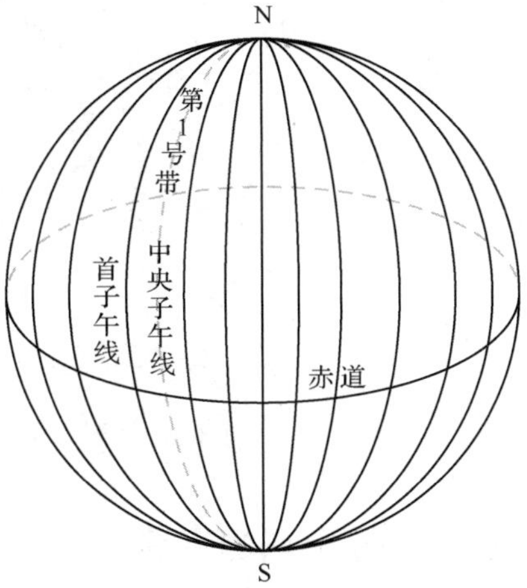

图 1-3　投影带 6° 带的划分

式中，N——6° 带的带号。

高斯平面直角坐标系如图 1-4 所示。地面点的平面位置可用高斯平面直角坐标 x、y 来表示。由于我国位于北半球，因此在我国 x 均为正值，y 则有正有负，如图 1-4（a）所示，y_A=+136 780m，y_B=−272 430m。为了避免 y 出现负值，将每个带的坐标原点向西移 500km，如图 1-4（b）所示，纵轴西移后，规定在横坐标值前冠以投影带的带号，如 A、B 两点均位于第 20 号带，则有 y_A=20 636 780m，y_B=20 227 570m。

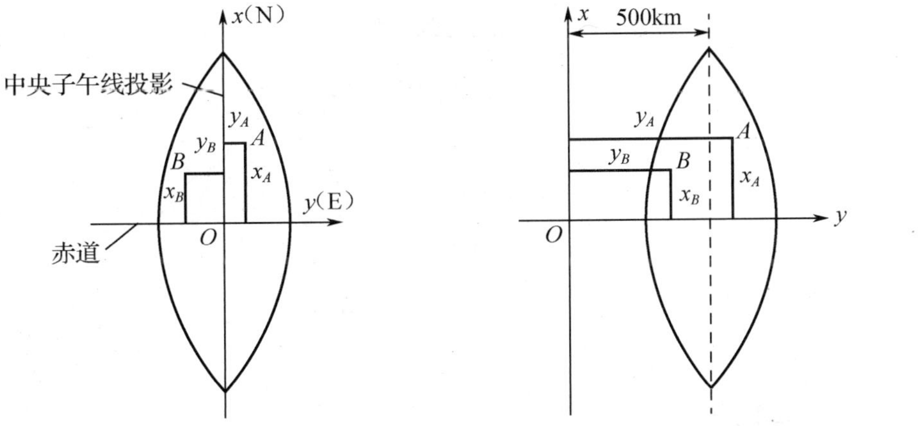

（a）坐标原点西移前的高斯平面直角坐标系　（b）坐标原点西移后的高斯平面直角坐标系

图 1-4　高斯平面直角坐标系

（3）独立平面直角坐标。在局部区域内确定地面点的平面位置，可以采用独立平面直角坐标。当测区范围较小时，可以用测区中心点 a 所在的水平面来代替大地水准面，如图 1-5 所示。在这个水平面上建立的测区平面直角坐标系称为独立平面直角坐标系。测量学中选用的独立平面直角坐标系，规定纵轴为 x 轴，向北为正方向；横轴为 y 轴，向东为正方向；坐标原点 O 一般选在测区的西南角，使测区内各点的坐标 x、y 均为正值；坐标象限按顺时针标注，如图 1-6 所示。测量学中的坐标系与数学中的坐标系在纵横轴和象限划分上是不一样的。数学中的坐标系横轴为 x 轴，向右为正；纵轴为 y 轴，向上为正；坐标象限是按逆时针方向标注的。因此，要对测量学和数学中的坐标系加以区别。

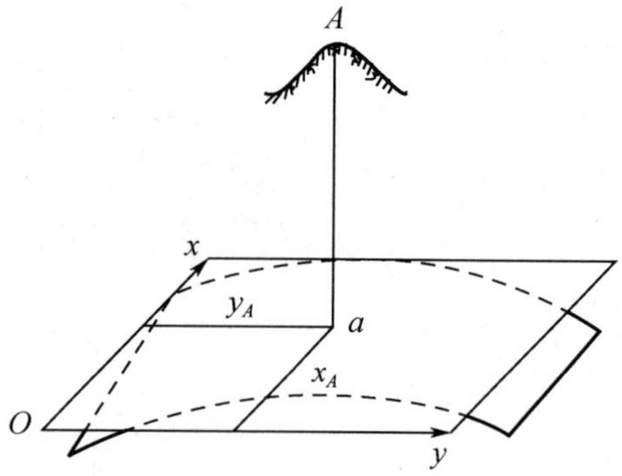

图 1-5　独立平面直角坐标系

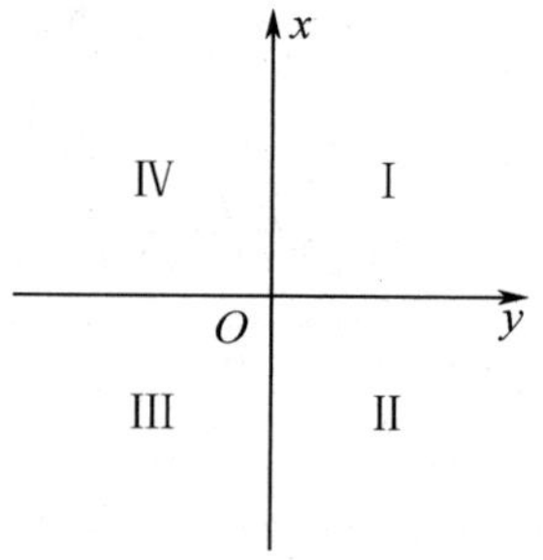

图 1-6　坐标象限

2. 地面点的高程

（1）绝对高程。地面点到大地水准面的铅垂距离称为该点的绝对高程，简称高程，用 H 表示。在图 1-7 中，地面点 A、B 的高程分别为 H_A、H_B。

目前，我国采用的是“1985 年国家高程基准”，在青岛建立了国家水准原点，其高程为 72.260m（1985 年以前我国采用的是“1956 年黄海高程系”，测得水准原点高程为 72.289m）。

（2）相对高程。地面点到假定水准面的铅垂距离称为该点的相对高程或假定高程。在图 1-7 中，地面点 A、B 的相对高程分别为 H_A'、H_B'。在建筑工程测量中，常选用底层室内地坪面为该工程任何点的相对高程起算面，记为±0m。建筑物某部位的标高是指该部位的相对高程，即该部位距底层室内地坪面的铅垂距离。

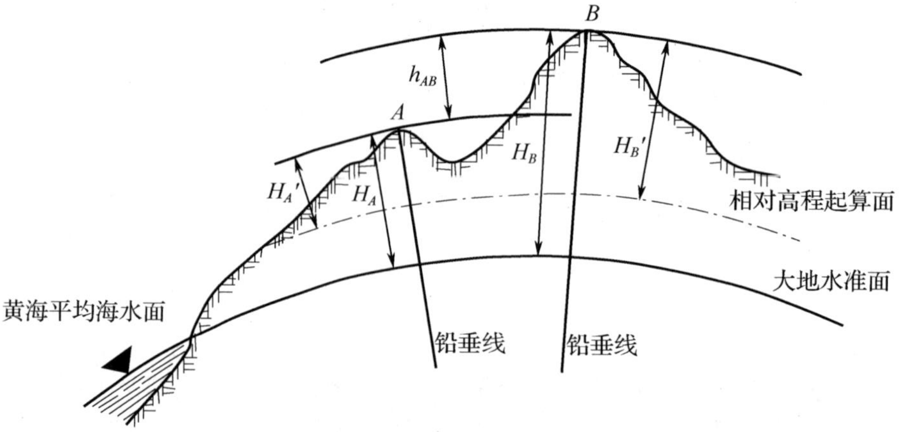

图 1-7　高程和高差

（3）高差。地面两点间的高程之差称为高差，用 h 表示。在图 1-7 中，A、B 两点间的高差也可理解为过 A、B 两点各做同心圆后，其半径之差。高差有方向和正负。

A、B 两点间的高差为

$$h_{AB}=H_B-H_A=H_B'-H_A' \tag{1-2}$$

当 h_{AB} 为正时，B 点高于 A 点；当 h_{AB} 为负时，B 点低于 A 点；当 h_{AB} 为零时，B 点和 A 点一样高。由式（1-2）可看出，高差的大小与相对高程起算面无关。

B、A 两点间的高差为

$$h_{BA}=H_A-H_B=H_A'-H_B' \tag{1-3}$$

A、B 两点间的高差与 B、A 两点间的高差绝对值相等、符号相反，即

$$h_{AB}=-h_{BA} \tag{1-4}$$

确定了地面点的三个参数 x、y、H（或 λ、φ、H），地面点的空间位置就可以确定了。

1.2.3 用水平面代替大地水准面的限度

1. 对水平距离测量的影响

当两点相距 10km 时，用水平面代替大地水准面产生的水平距离测量误差为 0.8cm，相对误差为 1/1 220 000，相当于精密量距精度的 1/1 000 000。因此，在半径为 10km 的范围内进行水平距离测量时，可以用水平面代替大地水准面，而不必考虑地球曲率对水平距离测量的影响。

2. 对水平角测量的影响

当测区面积为 100km^2 时，用水平面代替大地水准面对水平角测量的影响最大值为 0.51″，对于土木工程测量而言，这种影响可以忽略不计。

3. 对高程测量的影响

地球曲率对高程测量的影响较大，即使水平距离很短，如 200m，也会产生 3.1mm 的高程误差，所以在高程测量中应考虑地球曲率的影响。

任务 1.3 测量工作的基本内容和原则

1.3.1 测量工作的基本内容

测量工作的主要目的是测定地面点的平面直角坐标和高程，但实际工作中通常不直接测量点的坐标和高程，而是先观测坐标、高程已知的点与坐标、高程未知的待定点之间的几何位置关系，再计算出点的坐标和高程。

1. 测定地面点的平面直角坐标

如图 1-8 所示，设 O、A 为已知坐标点，P 为待定点。先测出水平角 β 和水平距离 D_{OP}，再根据 O、A 两点的坐标，即可算出 P 点的坐标。

因此，测定地面点的平面直角坐标的主要测量工作是测量水平角和水平距离。

2. 测定地面点的高程

如图 1-9 所示，设 A 为已知高程点，B 为待定点。根据式（1-2）得

$$H_B=H_A+h_{AB} \tag{1-5}$$

只要测出 A、B 两点间的高差 h_{AB}，利用式（1-5），即可算出 B 点的高程。

因此，测定地面点的高程的主要测量工作是测量高差。

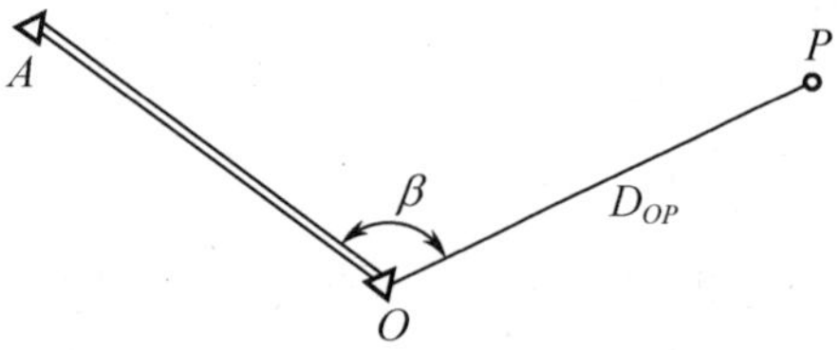

图 1-8　平面直角坐标的测定

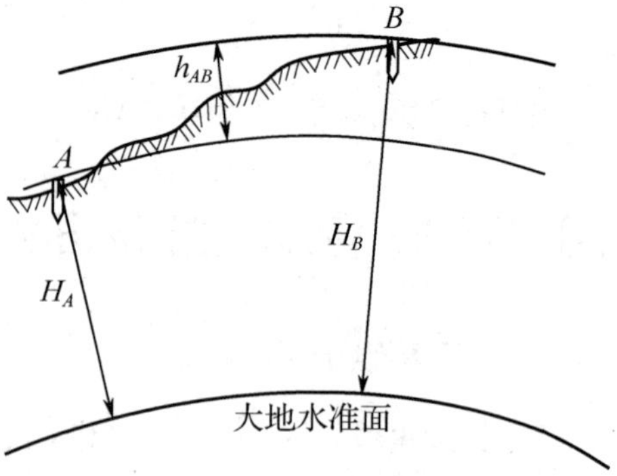

图 1-9　高程的测定

由此可见，水平角、水平距离、高程是确定地面点位的三个基本要素，水平角测量、水平距离测量、高差测量是测量的三项基本工作。

1.3.2　测量工作的基本原则

在测量工作中应遵守的基本原则之一是“从整体到局部、先控制后碎部、由高精度到低精度”。在测区内选择一些有控制意义的点（称为控制点），先把它们的平面位置和高程精准地测定出来，然后根据这些控制点测定附近碎部点的位置。这种测量方法不仅可以减少误差积累，而且可以在几个控制点上进行测量，加快工作进度。此外，测量工作必须重检查、重复核，防止发生错误，避免错误的结果对后续测量工作的影响。因此，“边工作、边检查，前一步工作未检验、校核不进行下一步工作”是在测量工作中应遵守的又一个基本原则。

任务 1.4　测量误差概述

在线课：测量误差概述

1.4.1　测量误差及其分类

1. 测量误差产生的原因

测量是观测者使用某种测量仪器、工具在一定外界条件下进行的。测量工作实践证明，观测值不可避免地具有误差。测量误差主要来源于以下三个方面。

（1）观测误差：取决于观测者的观测技术水平和视觉鉴别能力。

（2）仪器误差：取决于测量仪器、工具的精密程度（如仪器构造上的缺陷和仪器本身的精密度等）。

（3）外界条件的影响：取决于观测时的外界条件（如观测过程中大气湿度、环境温度、风力、透明度、大气折光等因素的不断变化）。

以上三者综合起来就是观测条件，如果观测条件相同，则称为等精度观测，反之称为非等精度观测。在测量工作中，并不是简单地追求测量误差越小越好，而要设法将测量误差限制在与测量目的相适应的范围内。

2. 测量误差的分类

按测量误差对观测结果的影响的性质不同，可把测量误差分为系统误差和偶然误差。

（1）系统误差。

在相同观测条件下，对某量进行一系列观测，如果误差出现符号和大小均相同或按一定规律变化的情况，则将这种误差称为系统误差。

系统误差具有积累性，对测量结果的影响大，但可通过一般的改正或采用一定的观测方法加以消除。

（2）偶然误差。

在相同观测条件下，对某量进行一系列观测，如果误差出现符号和大小均不一定的情况，则将这种误差称为偶然误差。偶然误差具有如下统计规律。

① 在一定的观测条件下，偶然误差的绝对值不会超过一定的限值。

② 绝对值小的偶然误差出现的概率大。

③ 绝对值相等的正、负偶然误差出现的概率相同。

④ 当观测次数无限多时，偶然误差的算术平均值的极限为零，即

$$\lim_{n\to\infty}\frac{[\varDelta]}{n}=0 \tag{1-6}$$

式中，n——观测次数（偶然误差的个数）；

$\varDelta$——观测误差（偶然误差）。

在测量过程中由于人为的疏忽或措施不到位可能出现的误差称为测量粗差，如读数错误，记录时误听、误记，计算时弄错符号、点错小数点等。在一定的观测条件下，测量误差是不可避免的，但产生测量粗差的主要原因是观测者在测量工作中责任意识不强、粗心大意，因此测量结果中不容许出现测量粗差，测量粗差是可以避免的。

1.4.2 衡量精度的标准

为了衡量测量结果的精度，必须建立衡量精度的统一标准。在测量工作中，常见的衡量精度的指标有中误差、容许误差、相对误差。

1. 中误差 *m*

设在相同的观测条件下，对某量（其真值为 X）进行 n 次重复观测，观测值为 $l_1, l_2,\cdots, l_n$，相应的真误差为 $\varDelta_1, \varDelta_2,\cdots, \varDelta_n$，则有

$$\varDelta_1=l_1-X$$

$$\varDelta_2=l_2-X$$

$$\cdots\cdots$$

$$\varDelta_n=l_n-X$$

$$m = \pm\sqrt{\frac{[\varDelta\varDelta]}{n}} \tag{1-7}$$

式中，$[\varDelta\varDelta]$——真误差的平方和，$[\varDelta\varDelta]=\varDelta_1^2+\varDelta_2^2+\cdots+\varDelta_n^2$；

n——观测次数。

式（1-7）表明，观测值的中误差并不等于它的真误差，只是一组观测值的精度指标，中误差越小，相应的测量结果的精度就越高，反之精度就越低。在计算中误差 m 时应取 2 位或 3 位有效数字，并在数值前冠以“±”号，数值后写上单位。

2. 容许误差 $\varDelta_{容}$

容许误差又称限差或极限误差。在等精度观测中，通常以 3 倍中误差作为容许误差，即

$$\varDelta_{容}=3m \tag{1-8}$$

在实际测量工作中，有的测量规范规定以 2 倍中误差作为容许误差。

如果某个观测值的偶然误差超过了容许误差，则认为该观测值不可靠，产生了测量粗差，应舍去不用或返工重测。

3. 相对误差 K

相对误差 K 是误差 m 的绝对值与相应观测值 D 的比值，常用分子为 1 的分式表示，即

$$K=\frac{|m|}{D}=\frac{1}{\frac{D}{|m|}} \tag{1-9}$$

在式（1-9）中，当 m 为中误差时，K 称为相对中误差。中误差 m 是绝对误差，在衡量观测值的精度时单纯用绝对误差有时不能完全表达精度的高低。例如，在距离丈量中，两段距离通过丈量得到：D_1=200m，m_1=±0.02m；D_2=600m，m_2=±0.02m。虽然两者的中误差相等，即 $m_1=m_2$，但其相对中误差为

$$K_1=\frac{|m|}{D}=\frac{0.02}{200}=\frac{1}{10000}$$

$$K_2=\frac{|m|}{D}=\frac{0.02}{600}=\frac{1}{30000}$$

由此可以直观地看出，后者的精度高于前者。

在距离测量中常用往、返观测值的相对误差来进行校核，相对误差定义为

$$K=\frac{|D_{往}-D_{返}|}{D_{平均}}=\frac{|\Delta D|}{D_{平均}}=\frac{1}{\frac{D_{平均}}{|\Delta D|}} \tag{1-10}$$

素养提升

自然资源部第一大地测量队（以下简称国测一大队）成立于 1954 年，主要从事大地测

量工作。几十年来，一代代测绘队员常年奔走野外探索山河，不畏困苦、不怕牺牲，用汗水乃至生命默默丈量着祖国的壮美河山，为祖国发展、人民幸福做出了突出贡献。他们先后完成了珠穆朗玛峰高程测量、南极重力测量、中国地壳运动观测网络建设、西部无人区测图、海岛（礁）测绘、汶川地震灾后重建测绘等工作。他们走大漠高原，登世界峰极，献青春，洒热血，铸就了“热爱祖国、忠诚事业、艰苦奋斗、无私奉献”的测绘精神，曾受到国务院通令嘉奖，被授予“功勋卓著、无私奉献的英雄测绘大队”称号。像国测一大队那样，广大共产党员用忠诚与奉献不断铸就党和人民的事业，忠诚一辈子，奉献一辈子，不忘初心，方得始终。

国测一大队始终秉持着对党和人民事业的忠诚与热爱，为了国家的建设和国防的发展，不断探索和创新，不辞辛劳地奋斗在第一线。国测一大队的队员们为了国家和人民的利益，默默无闻地奉献自己的智慧和力量，他们不计较个人得失，将全部精力和心血投入到工作中，为党和人民的事业做出了卓越的贡献。国测一大队在科技创新和测量技术方面，始终保持着领先地位。国测一大队的队员们不畏艰险，勇攀科技高峰，不断突破技术瓶颈，为国家的测量事业做出了重要贡献。他们深深热爱着自己的祖国，用自己的技术和智慧为国家的发展和繁荣做出了重要贡献。同时，他们也积极投身于国家重大战略的实施，为国家的安全和发展做出了积极贡献。

技能实训

1．简述测量学的概念。

2．测定与测设有何区别？

3．建筑工程测量的任务是什么？

4．何谓铅垂线？水平面、水准面、大地水准面有何差异？

5．测量工作的基准面和基准线是什么？

6．测量学中的平面直角坐标系与数学中的平面直角坐标系有何不同？

7．确定地面点的基本要素是什么？测量工作包括哪些基本内容？

8．测量工作的基本原则是什么？

9．何谓绝对高程？何谓相对高程？何谓高差？

10．已知 H_A=23.435m，H_B=45.566m，求 h_{AB} 和 h_{BA}。

项目 2

水准测量

知识目标

了解水准测量原理；了解水准仪的组成及其各部分的功能；了解水准测量中的水准点、水准路线及测站检核法；了解水准测量的成果计算及误差分析；初步了解水准仪的检验与校正。

能力目标

能够进行水准仪的基本操作；能够进行水准测量；能够进行水准测量的成果计算；初步了解自动安平水准仪和电子水准仪。

项目导入

高程测量是测量的三项基本工作之一。水准测量的基本要求是水准仪必须提供一条水平视线。水准仪的基本操作过程是安置仪器→粗平→瞄准→精平→读数→记录与计算。水准测量要求前视距离和后视距离相等。

任务2.1 水准测量原理

水准测量原理是先借助水准仪提供的水平视线，配合水准尺测定地面上两点间的高差，然后根据已知点的高程来推算未知点的高程。如图 2-1 所示，已知 A 点的高程为 H_A，现要测出 B 点的高程 H_B，在 A、B 两点间安置一台能提供水平视线的仪器——水准仪，并在 A、B 两点处各竖立水准尺，基于水平视线分别读出 A 点水准尺上的读数 a 及 B 点水准尺上的读数 b，则 A、B 两点间的高差为

$$h_{AB}=a-b \tag{2-1}$$

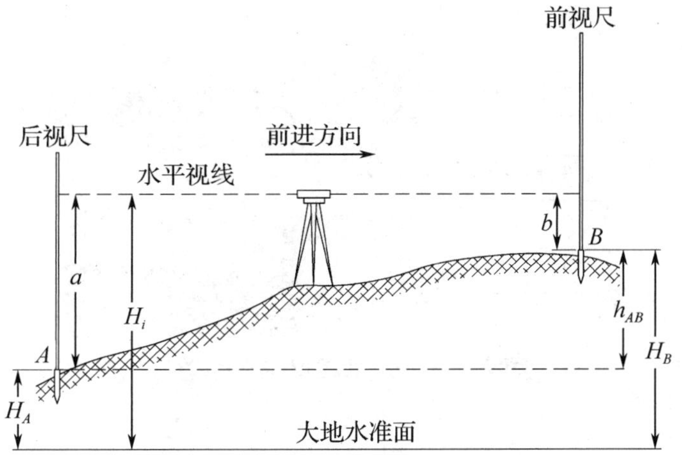

图 2-1　水准测量原理示意图

B 点（未知点）的高程等于 *A* 点（已知点）的高程加上两点间的高差，即

$$H_B=H_A+h_{AB}=H_A+(a-b) \tag{2-2}$$

如果测量是由 *A* 点向 *B* 点的方向前进的，则 *A* 点称为后视点，*B* 点称为前视点，*a*、*b* 分别为后视读数和前视读数，两点间的高差就等于后视读数减去前视读数。如果 *B* 点高于 *A* 点，则高差为正，反之高差为负。

由图 2-1 可知，*A* 点的高程加后视读数等于仪器的视线高程，设视线高程为 H_i，即 $H_i=H_A+a$，则 *B* 点的高程等于视线高程减去前视读数，即

$$H_B=H_i-b=(H_A+a)-b \tag{2-3}$$

由式（2-2）根据高差推算高程的方法称为高差法；由式（2-3）根据视线高程推算高程的方法称为视线高法。在安置一站仪器需要求出几个点的高程的情况下，视线高法比高差法方便，因而视线高法在地形测量和施工测量中被广泛采用。

任务 2.2　水准测量仪器及其使用方法

微课：水准测量仪器和工具

水准测量作业所使用的仪器为水准仪，工具有水准尺和尺垫。水准仪按精度可分为 $DS_{0.5}$、DS_1、DS_3、DS_{10} 四种型号，其中 D、S 是大地测量和水准测量的代号；下标 0.5、1、3、10 表示仪器的精度，是指各等级水准仪每千米往返测高中的中误差，单位为 mm。在我国现场水准测量作业中，DS_3 水准仪最为常用。本任务主要介绍 DS_3 水准仪。

2.2.1　DS_3 水准仪

微课：DS_3 水准仪

DS_3 水准仪主要由望远镜、水准器及基座三大部分组成。DS_3 水准仪通过基座与三脚架连接，支承在三脚架上，基座上装有一个圆水准器，如图 2-2 所示。

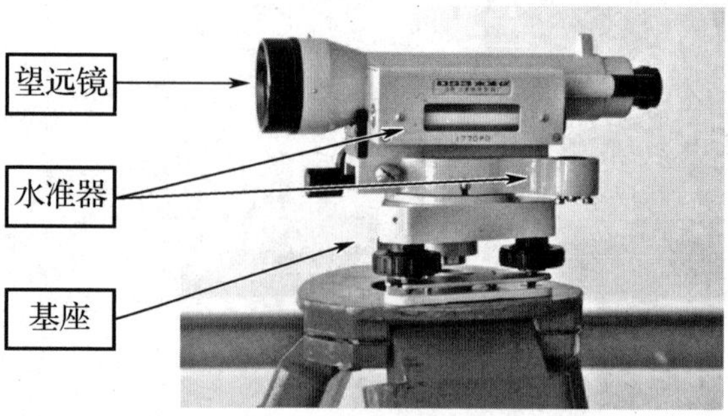

图 2-2 DS_3 水准仪构造示意图

1. 望远镜

（1）作用：瞄准远方目标，以便精确地进行水准尺读数；使目标成像清晰，扩大视角，以便精确照准目标。

（2）构成：物镜、十字丝分划板、调焦镜、物镜调焦螺旋、目镜等。望远镜构造示意图如图 2-3 所示。

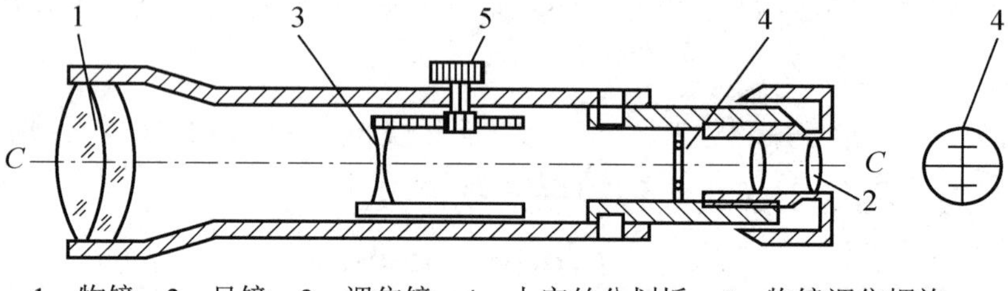

1—物镜；2—目镜；3—调焦镜；4—十字丝分划板；5—物镜调焦螺旋。

图 2-3 望远镜构造示意图

2. 水准器

水准器用于指示视线是否水平或竖轴是否竖直，是水准仪上的重要部件，分为圆水准器和管水准器两种。

（1）圆水准器。圆水准器是用于粗平仪器的水准器，装在水准仪基座上。

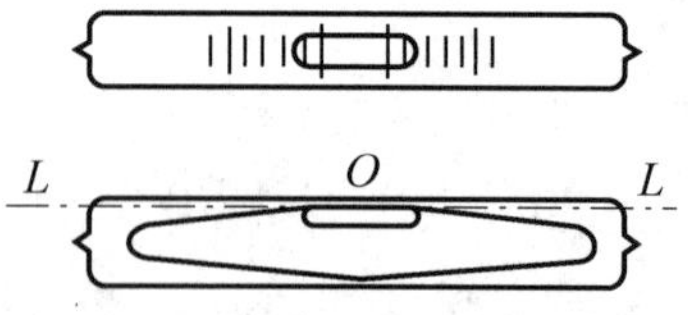

图 2-4 水准管示意图

（2）管水准器。管水准器由玻璃管制成，一般又称水准管，管内装有酒精和乙醚的混合液，加热密封冷却后形成一个小长气泡，该气泡较轻，故恒在管内最高处。当气泡居中时，水准管水平，此时视准轴也水平。通常根据气泡两端距离水准管两端刻划的格数相等的方法判断水准管水平，如图 2-4 所示。

3. 基座

基座主要由轴座（有时也称托板）、脚螺旋和连接板组成，起支承仪器上部及与三脚架连接的作用。

2.2.2 水准尺与尺垫

1. 水准尺

水准尺是进行水准测量时用于读数的重要工具，尺长一般为 3～5m，尺底从 0 开始，每隔 1cm 涂有黑白或红白相间的分格，每分米注一个数字。水准尺按尺面可分为单面尺和双面尺两种，按尺形可分为直尺、折尺、塔尺三种。目前常用的水准尺有双面尺和塔尺。

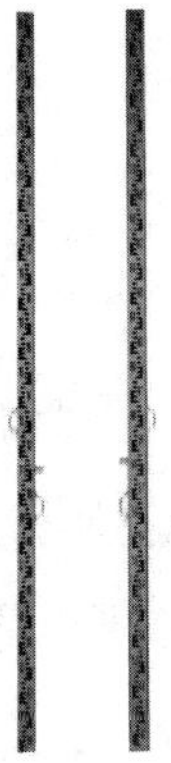

图 2-5 双面尺

（1）双面尺（见图 2-5）。双面尺的长度有 2m 和 3m 两种，两根尺为一对。尺的两面均有刻划，一面为黑白相间，称为黑面；另一面为红白相间，称为红面。黑面尺底端起始数为 0，红面尺底端起始数为 4687mm 或 4787mm，此数值称为零点差。双面尺必须成对使用，以便校核读数。

（2）塔尺。塔尺一般由两节或三节套接而成，其长度一般为 3m 或 5m，底端起始数均为 0。

图 2-6 尺垫

2. 尺垫

尺垫一般制成三角形铸铁块，上面有一个突起的半球体，如图 2-6 所示。立尺前先将尺垫用脚踩实，然后竖立水准尺于半球体顶上。尺垫的作用是防止水准尺下沉及水准尺转动时其高程改变。

2.2.3 DS_3 水准仪的使用

微课：DS_3 水准仪的操作步骤

1. 安置仪器

打开三脚架并使其高度适中，目估使架头大致水平，脚架伸缩螺旋适度拧紧，架腿安置稳固。打开仪器箱取出水准仪，置于三脚架架头上，用中心连接螺旋将水准仪牢固地连接在三脚架架头上。

2. 粗平

当水准管中的气泡未居中时，如图 2-7（a）所示，先按图 2-7（a）中箭头所指的方向用两手同时相对转动脚螺旋 1、2（气泡将沿脚螺旋 1、2 连线方向移动），使气泡移到如图 2-7（b）所示的位置；然后单独转动脚螺旋 3（气泡将沿脚螺旋 1、2 连线的垂线方向移动），使气泡居中，如图 2-7（c）所示。如果有偏差，则可重复进行以上操作。粗平原则：气泡移动的方向始终与左手大拇指移动的方向一致。

3. 瞄准

瞄准是指使望远镜对准水准尺，以便清晰地看到目标和十字丝成像，从而精确地进行水准尺读数。

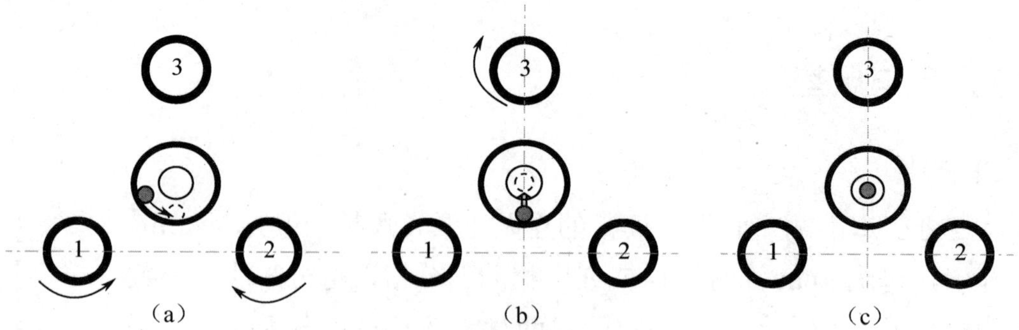

图 2-7　气泡整平示意图

（1）调节目镜：根据观测者的视力，转动目镜调节螺旋，使十字丝看得十分清晰。

（2）初步瞄准：先松开制动螺旋，转动望远镜，转动照准部使准星、照门、目标（水准尺）共线，如图 2-8 所示，然后制动望远镜。

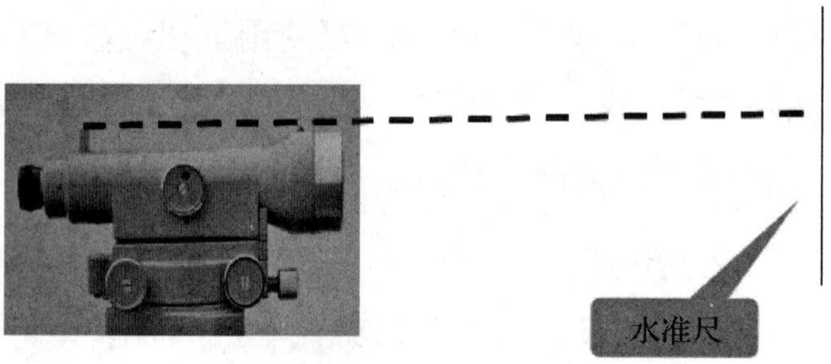

图 2-8　初步瞄准示意图

（3）对光和瞄准：转动物镜调焦螺旋，使目标成像清晰，如图 2-9 所示，转动望远镜微动螺旋，使十字丝对准水准尺尺面中央。

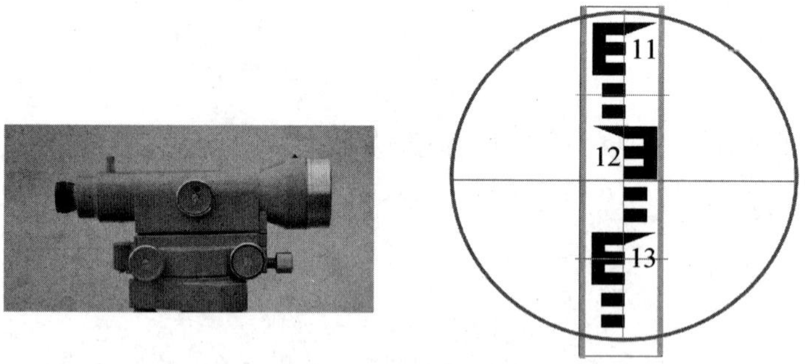

图 2-9　对光和瞄准示意图

4. 精平与读数

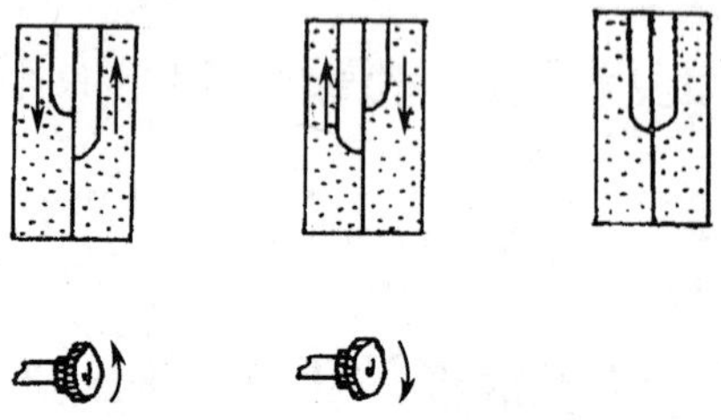

图 2-10　气泡影像图

望远镜瞄准水准尺后，读数前必须转动微倾螺旋，使水准管中的气泡居中（气泡影像符合），如图 2-10 所示，达到视线水平后才能读数。读数后应再次检查气泡是否居中，若不居中，则应重新调整，再次读数。应该注意的是，读完数后，将仪器转到前视方向，仍要先利用微倾螺旋调整水准管中的气泡使其居中，再进行读数。

任务 2.3　水准路线及其测量

微课：水准路线及其测量

2.3.1　水准点

在水准测量中用于测定高程的控制点称为水准点，记为 BM。水准点的位置应选在土质坚实、便于长期保存和使用的地方。水准点可分为永久性水准点和临时性水准点。永久性水准点一般用混凝土或料石制成，顶部设置用不易腐蚀的材料制成的半球体标志，墙上水准点应按规格设置在稳定的墙角上。水准点示意图如图 2-11 所示。

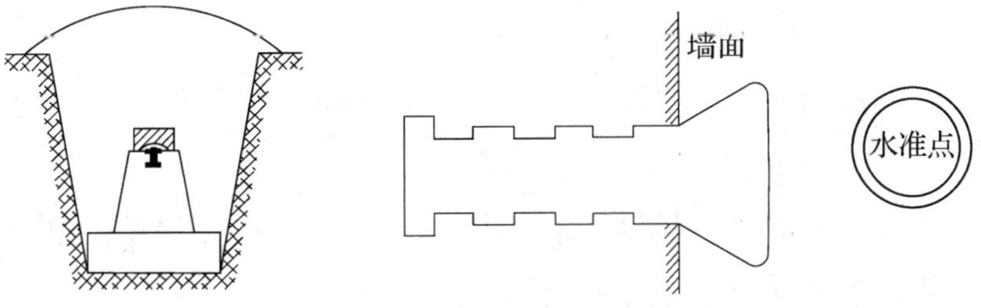

图 2-11　水准点示意图

2.3.2　水准路线

在水准点间进行水准测量所经过的路线称为水准路线，相邻两水准点间的路线称为测段，水准路线有附合水准路线、闭合水准路线和支水准路线。

1. 附合水准路线

从一个已知高程的水准点 BM_1 出发，沿待测的水准点进行水准测量，最后附合到另一个已知高程的水准点 BM_2，这种水准路线称为附合水准路线，如图 2-12 所示。

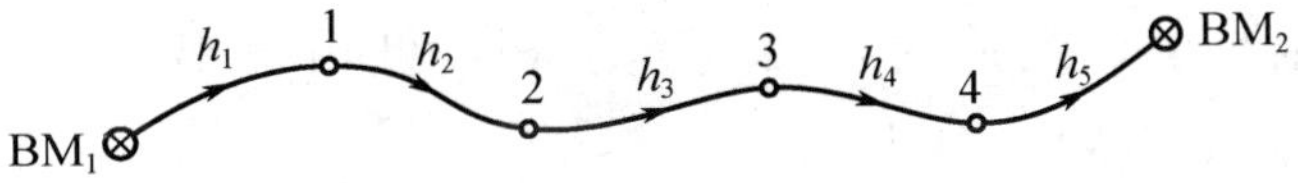

图 2-12　附合水准路线

2. 闭合水准路线

从一个已知高程的水准点 BM_3 出发，沿待测的水准点进行水准测量，最后闭合到水准点 BM_3，这种水准路线称为闭合水准路线，如图 2-13 所示。

3. 支水准路线

从一个已知高程的水准点 BM_4 出发，沿待测的水准点进行水准测量，这种既不附合也不闭合的水准路线称为支水准路线，如图 2-14 所示，支水准路线需要往返测量。

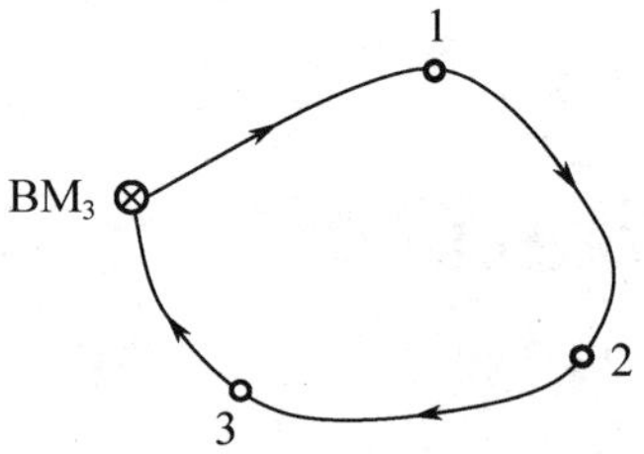

图 2-13　闭合水准路线

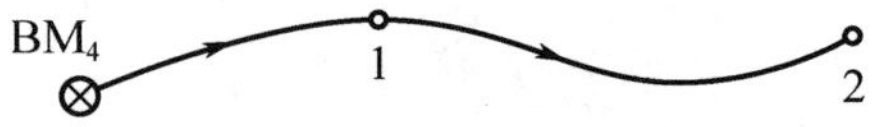

图 2-14　支水准路线

2.3.3　测站校核方法

在每个测站测量过程中，任何一个观测数据出现错误都将导致水准测量不准确。为保证观测数据的准确性，通常采用双面尺法或变化仪高法进行测站校核。

1. 双面尺法

双面尺法是指仪器高度保持不变，分别用双面尺的黑面、红面进行测量。

观测顺序：后、后、前、前（黑、红、黑、红）。

如果同一双面尺红面、黑面测量所得的两次高差之差不超过规定的允许值，则观测数据符合要求，取其平均值作为最后结果，否则应重测。

2. 变化仪高法

在一个测站上测出两点间的高差后，改变仪器高度（一般调高 10cm 或调低 10cm），再次测出两点间的高差，如果两次高差之差不超过规定的允许值，则观测数据符合要求，取其平均值作为最后结果，否则应重测。

2.3.4　水准测量的施测方法

当地面上两点相距较近或两点间的高差不大时，安置一站仪器就可以直接测定两点间的高差。当地面上两点相距较远或两点间的高差较大时，安置一站仪器难以测得两点间的高差，因此必须按照图 2-15 所示，在 A、B 两点之间增设若干临时立尺点，把水准路线分成若干测段，逐段测出高差，最后对各段高差求和，便可得出 A、B 两点间的高差。

由图 2-15 可知，第 1 段的高差为

$$h_1=a_1-b_1 \tag{2-4}$$

同理可得

$$h_2=a_2-b_2 \tag{2-5}$$

……

$$h_n=a_n-b_n \tag{2-6}$$

式中，h_i（i=1, 2,⋯, n）——测段高差；

a_i（i=1, 2,⋯, n）——后视读数；

b_i（i=1, 2,⋯, n）——前视读数。

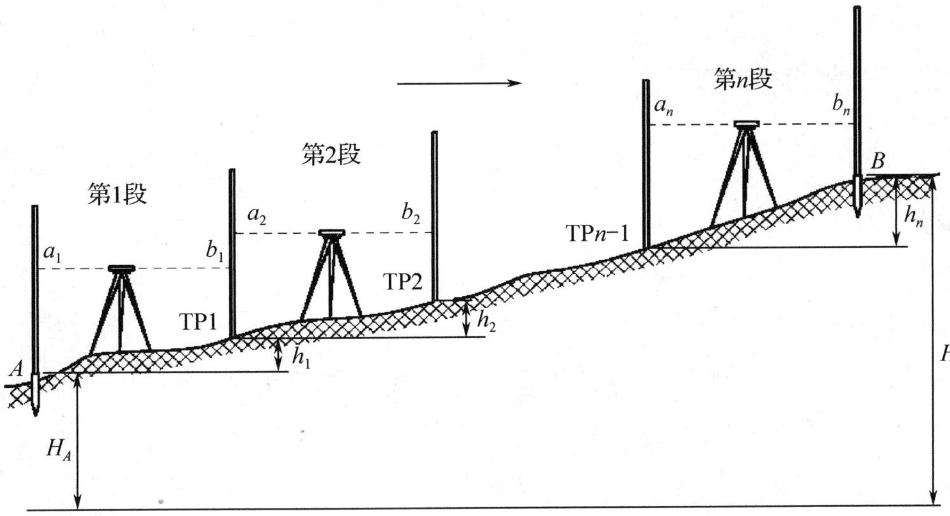

图 2-15 水准测量示意图

将各段高差相加，可得出 A、B 两点间的高差 h_{AB} 为

$$h_{AB}=\sum_{i=1}^{n}h_i=\sum_{i=1}^{n}a_i-\sum_{i=1}^{n}b_i \tag{2-7}$$

B 点的高程 H_B 为

$$H_B=H_A+h_{AB} \tag{2-8}$$

由式（2-7）可以看出，A、B 两点间的高差等于中间各段高差的代数和，也等于所有后视读数之和减去所有前视读数之和，可用于每一页记录手簿的计算校核。

资源：水准测量记录手簿示例

水准测量中的 TP1, TP2,…, TPn−1 为临时立尺点，是用来传递高程的，称为转点。在转点上不仅有前视读数，还有后视读数。一个测站的测量工作结束后，将仪器搬到下一个测站，转点的位置丝毫不能动，否则就不能传递高程。因此，在转点上应使用尺垫，以防止水准尺下沉及水准尺转动时其高程发生改变。

任务 2.4 水准测量的成果计算及误差分析

微课：路线校核与成果计算

2.4.1 水准测量的精度要求

不同等级的水准测量有不同的精度要求，对于普通水准测量，精度要求是

$$f_{h允}=\pm 12\sqrt{n}\ \text{mm} 或 \pm 40\sqrt{L}\ \text{mm} \tag{2-9}$$

式中，L——水准路线的长度，单位为 km；

n——测站个数。

在式（2-9）中，前者用于平坦地区，后者用于山地。如果高差闭合差（见 2.4.2 节）超过允许值，即 $f_h>f_{h允}$，则测量结果不能用，必须重测。

2.4.2 水准测量的校核方法

水准测量的校核可分为测站校核和水准路线校核。

1. 测站校核

对每个测站的高差进行校核，称为测站校核，其方法有以下几种。

（1）变化仪高法。在每个测站上测出高差后，在原地改变仪器的高度，重新安置仪器，再测一次高差。如果两次测得的高差之差不超过规定的允许值（如普通水准测量的允许值为±6mm），则取其平均值作为这个测站的高差结果，否则需要重测。

（2）双仪器法。在两测点之间同时安置两台仪器，分别测得两点间的高差并对其进行比较，结果处理方法同上。

（3）双面尺法。测量时不改变仪器高度，采用双面尺的红、黑两面两次测量高差，以黑面高差为准，比较红面高差与黑面高差，若红面高差比黑面高差大，则先将红面高差减去 100mm，再与黑面高差进行比较，误差不超过规定的允许值时取其平均值；反之，则先将红面高差加上 100mm，再与黑面高差进行比较，误差不超过规定的允许值时取其平均值。

2. 水准路线校核

（1）附合水准路线校核。

如图 2-12 所示，欲测量 1、2、3、4 四个点的高程，从已知水准点 BM_1 开始，顺序施测各点间的高差，最后又由 4 点测到另一个已知水准点 BM_2，形成附合水准路线。各测段的高差总和 $\sum h$ 应与已知水准点的高程之差（$H_{BM2}-H_{BM1}$）相等。由于测量误差的存在，二者不相等，产生的差值 f_h 称为高差闭合差，它的计算公式为

$$f_h=\sum h_{测}-(H_{终}-H_{始}) \tag{2-10}$$

式中，$H_{始}$、$H_{终}$——起始、终止水准点的高程。

若 $|f_h|\leqslant|f_{h允}|$，则说明观测结果合格，否则说明观测结果不合格。

（2）闭合水准路线校核。

如图 2-13 所示，从已知水准点 BM_3 开始，测量 1、2、3 三个点间的高差，最后回到 BM_3 点，形成闭合水准路线。此时，高差代数和在理论上应等于零，即 $\sum h_{理}=0$。由于测量误差的存在，$\sum h_{测}\neq 0$，闭合水准路线的高差闭合差 f_h 为

$$f_h=\sum h_{测} \tag{2-11}$$

同样，若 $|f_h|\leqslant|f_{h允}|$，则说明观测结果合格，否则说明观测结果不合格。

（3）支水准路线校核。

如图 2-14 所示，从已知水准点 BM_4 开始，测量 1、2 两个点间的高差，形成支水准路线。支水准路线必须沿同一路线进行往返测，往测和返测的高差绝对值应相等，符号应相反，否则会产生高差闭合差，即

$$f_h=H_{往}+H_{返} \tag{2-12}$$

测站个数 n 或水准路线的长度 L 以单程计。

2.4.3 水准路线高差闭合差的调整和高程计算

如果水准路线的高差闭合差在允许范围之内，则可进行高差闭合差的调整和高程计算。

（1）$f_{h允}=\pm 12\sqrt{n}$ mm 或 $\pm 40\sqrt{L}$ mm，$f_h \leqslant f_{h允}$，可以调整。

（2）高差闭合差的调整在同一条水准路线上，认为各测站条件大致相同，各测站产生的误差是相等的，因此在调整高差闭合差时，应将高差闭合差以相反符号，按测站个数（或距离）成正比例地分配到各测段的实测高差中，即某测段改正后的高差 $-\left(\dfrac{f_h}{\sum n}\times n_i\right)$ 或 $-\left(\dfrac{f_h}{\sum L}\times L_i\right)$。

（3）各点高程的计算。

根据改正后的高差，从起始点 BM_1 的高程逐一推算出其他各点的高程，如果计算无误，则最后推算出的 BM_2 的高程应与已知高程相等。

闭合水准路线的高程计算与附合水准路线的高程计算相同。支水准路线采用往返测，每个测段的高差取往返测高差的平均值，符号与往测符号相同即可。

资源：闭合水准路线例题

2.4.4 水准测量的误差分析

1. 仪器、工具误差

（1）仪器误差。

仪器误差主要是指水准管轴不平行于视准轴产生的误差。仪器虽经过了检验与校正，但不可能校正得十分完善，总会留下一定的残余误差。仪器误差具有系统性，在进行水准测量时，只要将仪器安置在距前视尺、后视尺相等长度的位置，就可消除该项误差对高差测量产生的影响。

（2）水准尺误差。

由于水准尺的长度不准，尺底零点和尺面刻划有误差，以及尺弯曲变形等，都会给水准测量读数带来误差，因此事先必须对所用水准尺逐项进行检定，符合要求方可使用。

2. 操作误差

（1）整平误差：水准测量是利用水平视线来测量高差的，而影响视线水平的原因有两个，一是水准管中的气泡居中误差，二是水准管中的气泡未居中误差。

（2）读数误差：读数误差与望远镜的放大倍率、观测者的视觉能力、仪器到水准尺的距离等因素有关。

（3）视差：在水准测量中，视差会给观测结果带来较大的误差，因此在观测前必须反复调节目镜和物镜对光螺旋，以消除视差。

3. 外界条件的影响

（1）仪器和尺垫下沉。

（2）水准尺倾斜。

（3）地球曲率和大气折光。

（4）温度的变化。

（5）风力作用。

任务2.5 水准仪的检验与校正

在检验、校正水准仪的几何条件之前，应先进行一般性检查，查明水准仪是否满足应满足的几何条件。凡存在影响水准仪使用的故障，必须及时修理、排除。如图 2-16 所示，水准仪各轴线之间应满足以下几何条件。

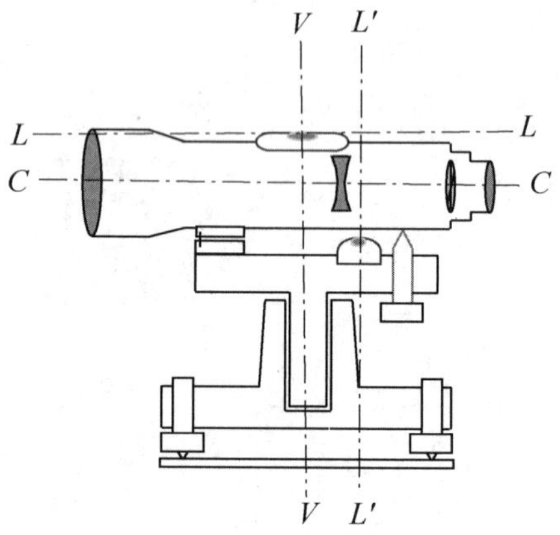

图 2-16 水准仪的轴线示意图

（1）圆水准器轴 $L'L'$应平行于竖轴 VV。

（2）望远镜十字丝横丝应垂直于竖轴 VV。

（3）水准管轴 LL 应平行于视准轴 CC。

水准仪在出厂时是满足这些条件的，但是随着长期使用及受搬运中震动等的影响，各轴线之间的几何关系会发生变化。因此，在每次使用前应对水准仪进行检验与校正。下面依次介绍各项检验与校正方法。

2.5.1 圆水准器轴平行于竖轴的检验与校正

1. 检验与校正的目的

使圆水准器轴 $L'L'$平行于竖轴 VV。

2. 检验方法

将水准仪安置在三脚架上，先转动脚螺旋使圆水准器中的气泡居中，然后将望远镜在水平方向旋转 180°，此时，若气泡不居中，偏于一边，则说明 $L'L'$不平行于 VV，需要校正。

3. 校正方法

先调整脚螺旋，使气泡向零点方向移动偏离值的一半，此时竖轴处于铅垂位置；然后稍旋松圆水准器底部的固定螺钉，用校正针拨动三个校正螺钉，使气泡居中，这时圆水准器轴平行于竖轴且处于铅垂位置。此项校正工作应反复进行，直到水准仪转至任何位置时气泡始终居中为止，此时 $L'L'$平行于 VV 的条件得到满足。

2.5.2 望远镜十字丝横丝垂直于竖轴的检验与校正

1. 检验与校正的目的

使望远镜十字丝横丝垂直于竖轴 *VV*，即当水准仪竖轴处于铅垂位置时，望远镜十字丝横丝应处于水平位置。

2. 检验方法

整平水准仪后，用望远镜十字丝横丝的一端瞄准墙上的一个固定点，转动水平微动螺旋，如果固定点离开十字丝横丝，则说明十字丝横丝不水平，需要校正；如果固定点始终在十字丝横丝上移动，则说明十字丝横丝水平，如图 2-17 所示。

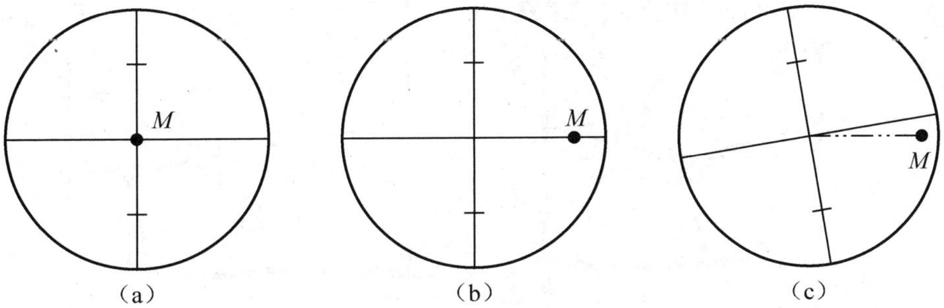

图 2-17 望远镜十字丝横丝垂直于竖轴的检验

检验时也可用挂垂球的方法：观察十字丝竖丝是否与垂球线重合，如果重合，则说明十字丝横丝水平。

3. 校正方法

先松开十字丝分划板座的固定螺钉，转动十字丝分划板座，使中丝一端对准目标点 *M*，再将十字丝分划板座的固定螺钉拧紧。此项校正工作也应反复进行，直到条件满足为止。

2.5.3 水准管轴平行于视准轴的检验与校正

1. 检验与校正的目的

使水准管轴 *LL* 平行于视准轴 *CC*。

2. 检验方法

（1）如图 2-18（a）所示，选取相距 60～80m 的 *A*、*B* 两点，在这两点处各打一根木桩或放尺垫，并在上面竖立水准尺，将水准仪安置在到两点等距离处，即 *AC*=*CB*。若水准管轴平行于视准轴，*A*、*B* 两点处水准尺上的读数分别为 *a* 和 *b*，则 $h=a-b$。若水准管轴不平行于视准轴，其倾角为 *i*，则因水准仪在两点中央，故两水准尺上产生的读数误差相等，均为 $\varDelta$。设此时两水准尺上的读数分别为 a_1 和 b_1，因 $a_1=a+\varDelta$，$b_1=b+\varDelta$，故有

$$a_1-b_1=(a+\varDelta)-(b+\varDelta)=a-b=h_{AB} \tag{2-13}$$

这说明，无论水准管轴与视准轴平行与否，由于水准仪安置在到两点等距离处，因此测出的高差都正确。

（2）如图 2-18（b）所示，将水准仪搬到距 B 点 3～5m 处，精平水准仪，读取近尺读数 b_2，由于水准仪离 B 点很近，因此可忽略倾角 i 的影响，由此可计算出视线水平时的远尺读数，即 $a_2=b_2+h_{AB}$。调转望远镜照准 A 点处的水准尺，精平水准仪，读取数据，如果实际读数 $a_2'=a_2$，则说明水准管轴平行于视准轴，否则说明存在倾角 i，其值为

$$i=\frac{a_2'-a_2}{D_{AB}}\times\rho$$

$$\rho=206265''$$

式中，D_{AB}——A、B 两点间的距离。

对于 DS_3 水准仪，当 $i\geqslant20''$时，需要校正。

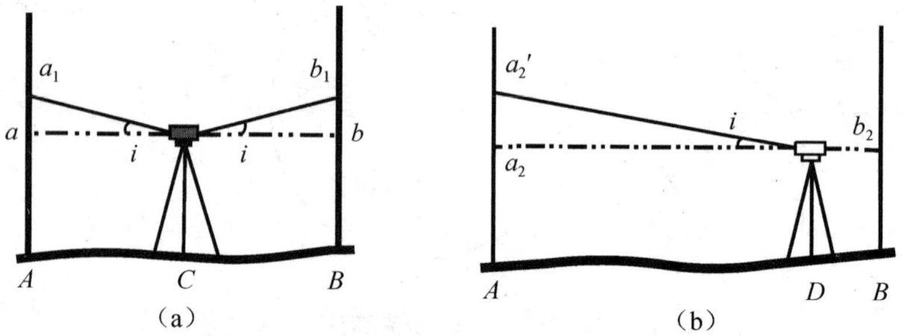

图 2-18　水准管轴平行于视准轴的检验

3. 校正方法

转动微倾螺旋，使远尺读数从 a_2' 变成 a_2。此时视准轴水平，但水准管中的气泡不居中了。拨动水准管一端的上、下两个校正螺钉，如图 2-19 所示，先松后紧，使水准管中的气泡居中，此时水准管轴也在水平位置，于是水准管轴与视准轴就平行了。此项校正工作要反复进行几次，直到远尺读数与计算值之差不大于 3～5mm 为止。

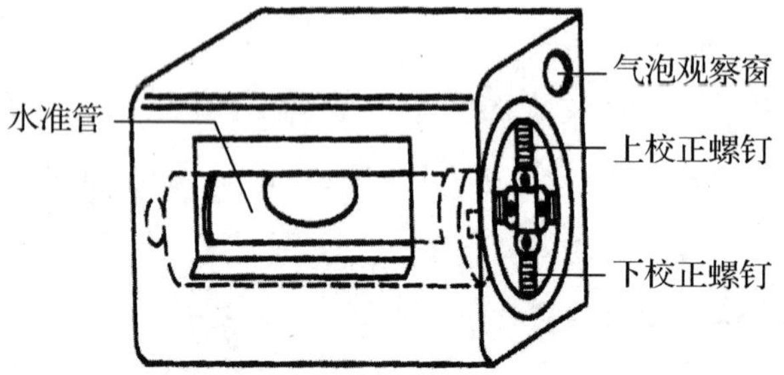

图 2-19　校正螺钉

任务 2.6　自动安平水准仪和电子水准仪

微课：1. 自动安平水准仪；2. 自动安平水准仪的安置

2.6.1　自动安平水准仪

自动安平水准仪是利用安装在望远镜内的自动安平补偿器自动获得水平视线的一种水准仪。

1. **自动安平补偿器及补偿原理**

用自动安平补偿器代替微倾式水准仪中的符合水准管和微倾螺旋，在观测时，只需使圆水准器中的气泡居中，便可通过十字丝中丝读到水平视线在水准尺上的读数。

2. **自动安平水准仪的使用**

自动安平水准仪的基本操作方法与微倾式水准仪大致相同。

3. **自动安平水准仪的检验与校正**

自动安平水准仪应进行四项检验与校正。

（1）圆水准器轴平行于竖轴的检验与校正。

（2）望远镜十字丝横丝垂直于竖轴的检验与校正。

（3）补偿器性能的检验与校正。

（4）望远镜视准轴位置正确性的检验与校正。

2.6.2 电子水准仪简介

电子水准仪又叫数字水准仪，由基座、水准器、单筒望远镜及数据处理系统组成。电子水准仪是以自动安平水准仪为基础，在望远镜光路中增加了分光镜和探测器，并采用条纹编码标尺和图像处理电子系统构成的光机电一体化的高科技产品。

素养提升

珠穆朗玛峰海拔有多高？8848.86 米！

2020 年 12 月 8 日，国家主席习近平同尼泊尔总统班达里互致信函，共同宣布珠穆朗玛峰最新高程为 8848.86 米。

珠穆朗玛峰到底有多高一直以来为世人所关注。回顾珠穆朗玛峰高程的测量历史，自中华人民共和国成立后，中国测绘工作者分别于 1966 年、1968 年、1975 年、1992 年、1998 年、2005 年对珠穆朗玛峰进行过 6 次大规模的测绘和科考工作。这一次，2020 珠峰高程测量登山队 8 名攻顶队员经历了三次攻顶，于 2020 年 5 月 27 日 11 时成功登顶。登顶队员在峰顶树立起测量觇标，与珠穆朗玛峰脚下的 6 个交会点同步开展峰顶交会测量，使用国产接收机，通过北斗卫星进行 GNSS 联测，成功获取了珠穆朗玛峰高程数据。经过一系列严密计算和数据联合处理，获得了精准的峰顶雪面大地高，并建立了珠穆朗玛峰地区大地水准面模型，得到了基于我国国家高程基准的珠穆朗玛峰峰顶雪面海拔。

每一次对珠穆朗玛峰高程的测量，都体现了当时我国测绘技术的最高水平。本次珠穆朗玛峰高程测量相关数据达到了历史最高测量精度，是我国测绘技术水平和能力的综合体现。我们要学习测绘工作者不畏艰苦、勇攀高峰、无私奉献的精神。

技能实训

1．简述水准测量的基本原理。

2．简述用 DS_3 水准仪进行水准测量的操作过程。

3．简述水准测量过程中的误差来源。由此，我们操作时应注意什么？

4．有一条水准路线，从已知点 *A* 开始观测，共测了 4 个测站。已知 H_A= 40.593m，观测数据如图 2-20 所示（单位为 mm）。请在表 2-1 中计算 *B* 点的高程 H_B，并进行计算校核。

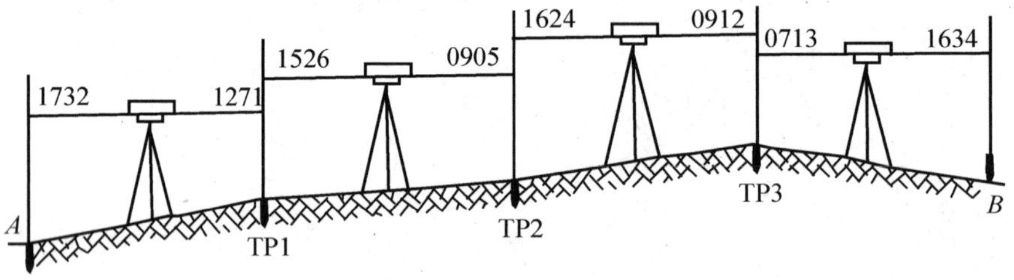

图 2-20　观测数据

表 2-1　水准测量记录表

测　　站	点　　号	后视读数/m	前视读数/m	高差/m		高程/m	备　　注
				+	−		
1	*A*					40.593	已知
	TP1						
2	TP1						
	TP2						
3	TP2						
	TP3						
4	TP3						
	B						
计算校核	$\sum$						

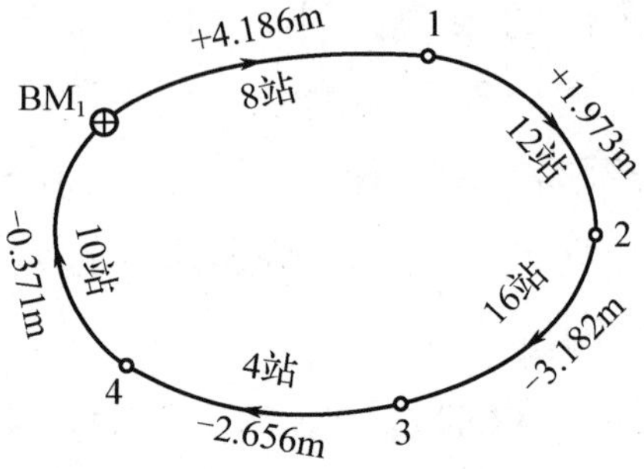

图 2-21　闭合水准路线

5．有一条闭合水准路线，其观测数据如图 2-21 所示，已知 BM_1 点高程为 86.346m。求 1、2、3、4 四个点平差后的高程。

项目 3

角度测量

知识目标

掌握角度测量的基本原理；了解角度测量仪器的发展；了解光学经纬仪的构成及其各部件的功能；学习水平角测量和竖直角测量的方法；了解经纬仪的检验和校正；初步了解电子经纬仪；了解角度测量的误差及注意事项。

能力目标

熟练掌握 DJ_6 级光学经纬仪的操作方法；能够运用光学经纬仪进行水平角和竖直角的测量；能够进行光学经纬仪的初步检验与校正。

项目导入

角度测量是测量的三项基本工作之一，分为水平角测量和竖直角测量。经纬仪是角度测量常用的仪器。经纬仪的基本操作过程是对中→整平→瞄准→读数→记录与计算。测回法是水平角测量的常用方法，对 DJ_6 级光学经纬仪，要求两个半测回角度之差的绝对值不得超过 40″。

任务 3.1 角度测量原理

角度测量包括水平角测量和竖直角测量，水平角测量用于确定点的平面位置，竖直角测量用于确定两点间的高差或将倾斜距离转化为水平距离。

3.1.1 水平角测量原理

动画：水平角测量原理　　微课：水平角测量原理

水平角是指空间相交的两条直线在水平面上的投影所成的角度。如图 3-1 所示，将地面上任意三点 A、O、B 分别沿垂线方向投影到水平面 H 上，便得到相应的投影点 A_1、O_1、B_1，则 O_1A_1 与 O_1B_1 的夹角 β 即地面上 OA 与 OB 两条直线所成的水平角。为了测出水平角的大小，设想在过 O 点的铅垂线上任一点处放置一个顺时针注记的水平度盘，并置于水平位置，则水平度盘与过 OA、OB 的两竖直面相交，可得到交线在水平度盘上的读数，设分别为 a、b，则圆心角 $\beta=b-a$ 就是$\angle A_1O_1B_1$ 的值。水平角测量是确定地面点位的基本工作之一。

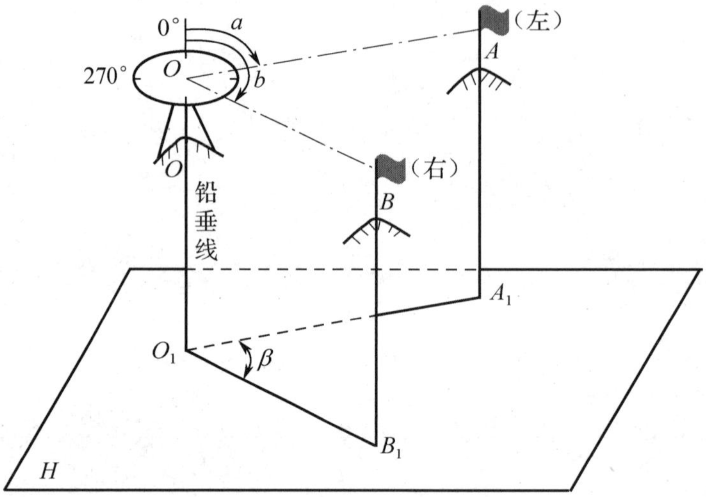

图 3-1　水平角测量原理图

3.1.2 竖直角测量原理

竖直角是在同一竖直面内，倾斜视线与水平线之间的夹角，简称竖角。竖直角也称倾斜角，用 θ 表示，其取值范围为 0°～±90°。当视线在水平线之上时，称为仰角，符号为正（+）；当视线在水平线之下时，称为俯角，符号为负（−），如图 3-2 所示。

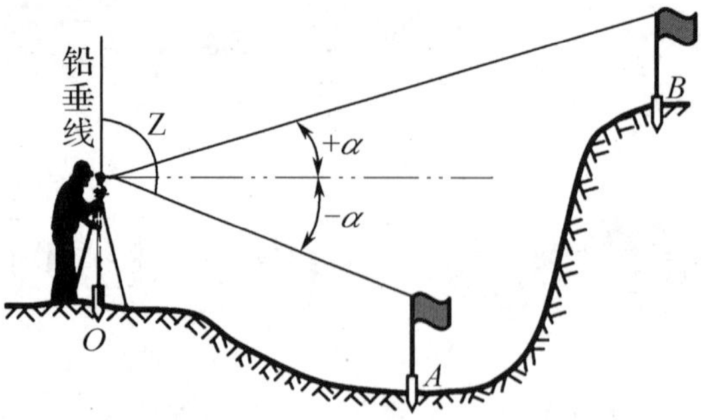

图 3-2　竖直角与天顶角

在同一竖直面内，视线与铅垂线的天顶方向线之间的夹角称为天顶角，也称天顶距，

用 Z 表示。天顶角的取值范围为 0°～180°。显然，同一方向线的天顶角和竖直角之和等于 90°。

由竖直角的概念可知，它是竖直面内目标方向线与水平线之间的夹角，所以可由竖直面内的刻度盘（竖盘）上两个方向读数之差求得竖直角，这两个方向中的一个必须是水平线方向。由于当视线水平时，任何仪器，无论是盘左还是盘右，其竖盘读数都是一个固定数值，因此在测量竖直角时只要瞄准目标，得出其竖盘读数，即可计算出竖直角。

任务 3.2 角度测量仪器概述

常用的角度测量仪器有光学经纬仪、电子经纬仪、全站仪，如图 3-3 所示。

光学经纬仪　　南方测绘 NT-02（02L）电子经纬仪　　南方测绘 NST-330 系列全站仪

图 3-3　常用的角度测量仪器

光学经纬仪按精度系列可分为 DJ_{07}、DJ_1、DJ_6、DJ_{15} 和 DJ_{60} 等级别，其中“D”“J”分别为“大地测量”“经纬仪”的汉语拼音的第一个字母，下标数字表示仪器的精度，即一测回水平方向中误差的秒数。

随着光电技术、计算机技术和精密机械的发展，20 世纪 60 年代研制出了采用编码度盘测角的电子经纬仪，从此开创了电子测角技术不断发展、完善的新纪元。到全站仪，已构建出由电子测角、电子测距、电子计算和数据存储等单元组成的三维坐标测量系统。

角度测量的操作过程、数据记录和计算原理相通，下面着重介绍地形测量和一般工程测量中常用的 DJ_6 级光学经纬仪。

3.2.1 DJ_6级光学经纬仪

微课：DJ_6级光学经纬仪的构造

1. DJ_6级光学经纬仪的构造

DJ_6级光学经纬仪主要由照准部、水平度盘和基座三部分组成。常用的DJ_6级光学经纬仪的构造如图 3-4 所示。

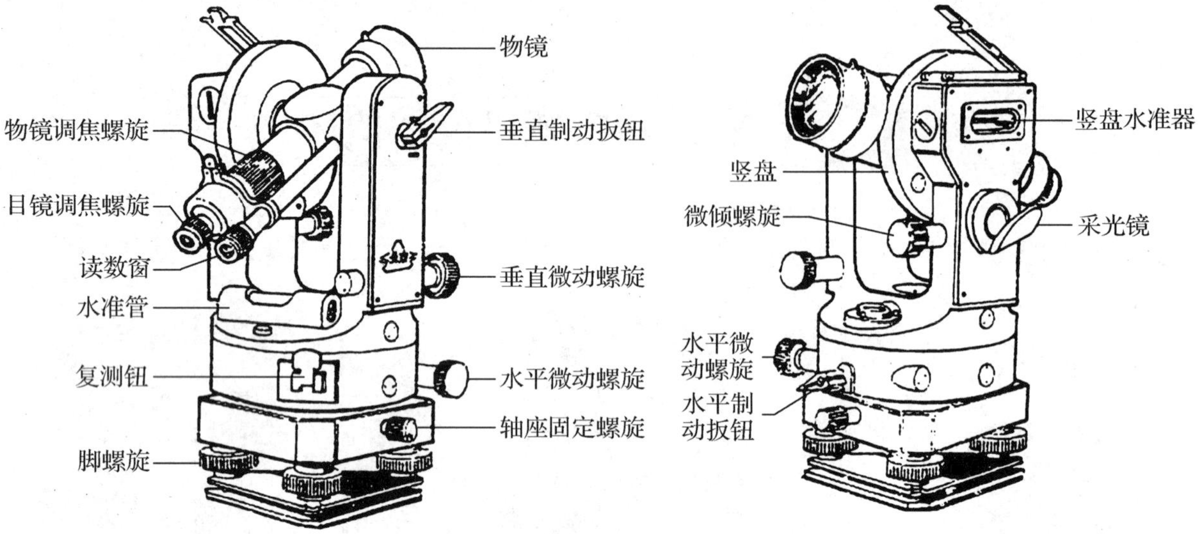

图 3-4 常用的DJ_6级光学经纬仪的构造

1）照准部

照准部为光学经纬仪上部可转动的部分，由望远镜、竖直度盘（简称竖盘）、水准器、竖轴、横轴、支架、读数显微镜及其光学读数系统等组成。

（1）望远镜。光学经纬仪的望远镜由物镜、调焦镜、十字丝分划板、目镜和固定它们的镜筒等组成。望远镜在支架上可绕横轴在竖直面内做仰俯转动，并由望远镜的垂直制动扳钮和垂直微动螺旋控制。望远镜用于精确瞄准目标。望远镜的放大倍率一般为 20～40。

（2）竖盘。光学经纬仪的竖盘用于测量竖直角，是由光学玻璃制成的带有刻划的圆盘，安装在横轴的一端，并随望远镜一起转动。在测量竖直角前，旋转微倾螺旋，使竖盘水准器中的气泡居中，竖盘指标处于正确位置。当竖盘同侧的支架上没有竖盘水准器，而在竖盘内部装有自动归零装置时，只要将支架上的自动归零开关转到“ON”，竖盘指标就处于正确位置。在不测量竖直角时，将竖盘指标自动归零开关转到“OFF”，以保护其自动归零装置。

（3）水准器。光学经纬仪的照准部上设有一个水准管和一个圆水准器，水准管用于精平，圆水准器用于粗平。水准器与脚螺旋配合，用于整平仪器。

（4）竖轴。光学经纬仪照准部的旋转轴为仪器的竖轴，竖轴插到竖轴轴套中，该轴套下端与轴座固连，置于基座内，并用轴座固定螺旋固定。使用仪器时切勿松动轴座固定螺旋，以防仪器分离坠落。照准部可绕竖轴在水平方向旋转，并由水平制动扳钮和水平微动螺旋控制。光学经纬仪的照准部上还装有光学对中器，用于仪器的精确对中。

2）水平度盘

光学经纬仪的水平度盘是由光学玻璃制成的带有刻划的圆盘，其边缘按顺时针方向刻有 0°～360°的分划，用于测量水平角。水平度盘与一个金属的空心轴套结合，套在竖轴轴套的外面，可自由转动。水平度盘的下方有一个固定在水平度盘旋转轴上的金属复测盘。复测盘配合照准部外壳上的转盘手轮，可使水平度盘与照准部结合或分离。按下转盘手轮，复测装置的簧片便夹住复测盘，使水平度盘与照准部结合在一起，当照准部旋转时，水平度盘也随之转动，读数不变；弹出转盘手轮，复测装置的簧片便与复测盘分离，水平度盘则和照准部分离，当照准部旋转时，水平度盘静止不动，读数改变。有的光学经纬仪没有复测装置，而设置一个水平度盘变位手轮，转动该手轮，水平度盘便随之转动。

3）基座

基座在光学经纬仪的底部，是支承整个仪器的底座。基座上安有三个脚螺旋和连接板。转动脚螺旋可使水平度盘水平。基座通过架头上的中心连接螺旋与三脚架架头固连在一起。基座上的轴座固定螺旋可将轴座固定在基座上，一般情况下不可松动轴座固定螺旋，以免仪器脱出基座而摔坏。

微课：DJ_6 光学经纬仪读数方法

2. 分微尺测微器及其读数方法

光学经纬仪的读数设备主要由度盘和指标组成，外加一些棱镜和显微装置。为了读取度盘上不足 1°的小数部分，读数设备中设有测微装置。

DJ_6 级光学经纬仪所使用的测微装置有单平板玻璃测微器和分微尺测微器两种。目前生产的 DJ_6 级光学经纬仪大都采用分微尺测微器，因为它具有结构简单、读数方便、作业效率高等优点。

采用分微尺测微器，通过一系列棱镜和透镜的作用，在读数显微镜内可以看到水平度盘和竖盘的分划，以及相应的分微尺像。度盘最小分划值为 1°；分微尺上把度盘上 1°的弧长分为 60 格，所以分微尺上最小分划值为 1′，每 10′做一个注记，可估读至 0.1′。

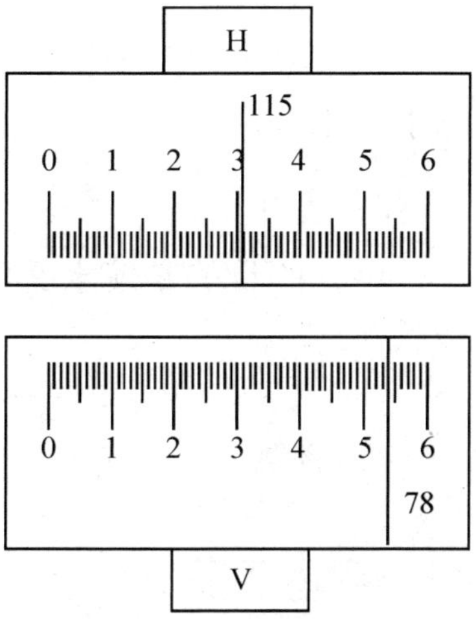

图 3-5 分微尺测微器读数窗

在读数时，先打开并转动反光镜，使读数窗内亮度适中；然后调节读数显微镜的目镜，使度盘和分微尺的分划线清晰。“度”可由分微尺上度盘分划线处的注记直接读得，“分”则用度盘分划线作为指标，在分微尺上直接读出，并估读至 0.1′，将两者相加，即得度盘读数。如图 3-5 所示，水平度盘的读数为 115°+30′48″=115°30′48″；竖盘读数为 78°+54′00″=78°54′00″。

3.2.2 经纬仪的使用

经纬仪的基本操作步骤为对中、整平、瞄准和读数。

微课：DJ_6级光学经纬仪的使用

1. 对中

对中的目的是使水平度盘中心与测站点标志中心位于同一铅垂线上。对中的方法有垂球对中法和光学对中器对中法。

1）垂球对中法

垂球对中法的操作步骤如下。

（1）张开三脚架，调节架腿，使三脚架高度适中，并通过目估使架头水平、架头中心初步对准测站点标志中心。

（2）从仪器箱中取出经纬仪，安置于三脚架架头上，旋紧中心连接螺旋，挂上垂球。如果垂球尖偏离测站点标志中心较远，则需要先移动三脚架，使垂球尖大致对准测站点标志中心，然后将脚架尖踩实。

（3）略微松开中心连接螺旋，在架头上移动经纬仪，直至垂球尖精确对准测站点标志中心，旋紧中心连接螺旋。

垂球对中法的对中误差应小于 3mm。

2）光学对中器对中法

光学对中器对中法的操作步骤如下。

（1）先使三脚架架头大致水平，通过垂球或目估初步对中，转动光学对中器目镜使十字丝分划板上的刻划圆圈（或十字丝分划线）清晰；然后推拉光学对中器的目镜筒，使地面测站点标志中心成像清晰。

（2）转动脚螺旋使测站点标志中心的影像移至十字丝分划板上的刻划圆圈中心（或与十字丝分划线中心重合）。

光学对中器对中法的优点是不受风力的影响，并且能提高对中精度，其对中误差一般可小于 1mm。

2. 整平

整平的目的是使水平度盘处于水平位置、仪器竖轴处于严格的垂直位置。整平的操作步骤如下。

（1）伸缩脚架使圆水准器中的气泡居中，但需要注意脚架尖的位置不得移动。旋转照准部，使水准管平行于任意一对脚螺旋的连线［见图 3-6（a）］。根据左手大拇指法则，对向旋转这两个脚螺旋，使水准管中的气泡居中。

（2）将照准部旋转 90°，运用左手大拇指法则转动第三个脚螺旋，使水准管中的气泡居中［见图 3-6（b）］。

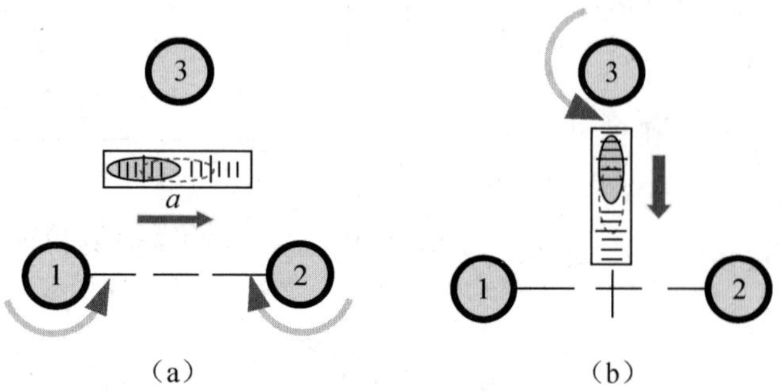

图 3-6 整平

（3）按以上步骤重复操作，直到在这两个位置上水准管中的气泡都居中为止。通过光学对中器观察测站点标志中心（或垂球），如果其偏离十字丝分划板上的刻划圆圈中心，则可稍微松开中心连接螺旋，在架头上移动经纬仪，使其精确对中。此时，如果水准管中的气泡偏移，则再次整平仪器，如此反复进行，直至对中、整平同时完成。

3. 瞄准

（1）目镜对光：将望远镜照向明亮白色背景，转动目镜调焦螺旋，使十字丝成像清晰。

（2）粗略瞄准：先松开照准部的水平制动扳钮与望远镜的垂直制动扳钮，转动照准部与望远镜，通过望远镜上的瞄准器对准目标，然后旋紧制动扳钮。

（3）精确瞄准：调节物镜调焦螺旋（又叫望远对光螺旋），使目标成像清晰，并检查有无视差。如果发现有视差，则应重新进行对光，直至消除视差。转动微动螺旋，使十字丝精确对准目标。在测量水平角时，应尽量瞄准目标的底部，当目标宽于十字丝双丝距时，宜用单丝平分，如图 3-7（a）所示；当目标窄于十字丝双丝距时，宜用双丝夹住，如图 3-7（b）所示。在测量竖直角时，用十字丝横丝的中心部分对准目标，如图 3-7（c）所示。

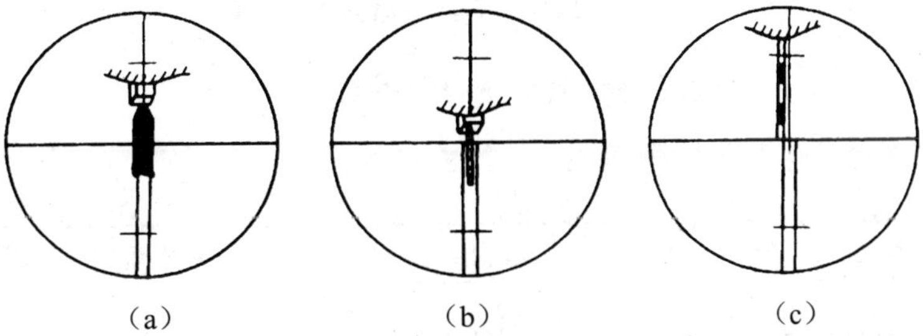

图 3-7 精确瞄准

4. 读数

先将反光镜的位置与开合角度调整合适，使读数显微镜视场内亮度适中；然后转动读数显微镜目镜进行对光，使读数窗内成像清晰；最后进行读数。

任务 3.3 水平角测量

常用的水平角测量方法有两种，分别是测回法和全圆观测法（又叫方向观测法）。测回法适用于测量两个方向之间的水平角，全圆观测法适用于测量两个以上方向之间的水平角。

3.3.1 测回法

微课：测回法　　微课：测回法数据记录

竖盘在望远镜视准轴的左侧，称为盘左（或正镜）；竖盘在望远镜视准轴的右侧，称为盘右（或倒镜）。如图 3-8 所示，测回法适用于测量两个方向之间的水平角，欲测出地面上 OA、OB 之间的水平角 β，可按以下步骤进行测量。

（1）在 O 点安置 DJ_6 级光学经纬仪，在 A、B 两点处分别竖立标杆。

（2）以盘左位置瞄准左边目标 A，得到水平度盘读数 $a_{左}$（如为 0°01′06″），记入表 3-1（水平角观测手簿）第 4 列相应位置。

图 3-8　测回法观测水平角

表 3-1　水平角观测手簿（测回法）

观测者____________记录者____________

仪器型号__DJ6______日期____________

测站点	竖盘位置	目标	水平度盘读数	半测回水平角	一测回水平角	各测回水平角平均值	备注
O	左	A	0°01′06″	146°09′18″	146°09′21″	146°09′12″	
		B	146°10′24″				
	右	A	180°01′12″	146°09′24″			
		B	326°10′36″				
	左	A	90°02′36″	146°09′00″	146°09′03″		
		B	236°11′36″				
	右	A	270°02′48″	146°09′06″			
		B	56°11′54″				

（3）松开照准部和望远镜的制动扳钮，顺时针转动照准部，瞄准右边目标 B，得到水平度盘读数 $b_{左}$（如为 146°10′24″），记入表 3-1 第 4 列相应位置。

因此，盘左所测得的水平角为

$$\beta_{左}=b_{左}-a_{左}=146°10'24''-0°01'06''=146°09'18''$$

以上完成了上半测回。为了校核及消除仪器误差对水平角测量的影响，应该以盘右位置再进行下半测回。

（4）松开照准部和望远镜的制动扳钮，纵转望远镜，以盘右位置瞄准右边目标 B，得到水平度盘读数 $b_{右}$（如为 326°10′36″），记入表 3-1 第 4 列相应位置；逆时针转动照准部，

瞄准左边目标 A，得到水平度盘读数 $a_{右}$（如为 180°01′12″），记入表 3-1 第 4 列相应位置。

因此，盘右所测得的水平角为

$$\beta_{右}=b_{右}-a_{右}=326°10'36''-180°01'12''=146°09'24''$$

以上完成了下半测回。

在计算时，均用右边目标读数 $b_{右}$减去左边目标读数 $a_{左}$，在不够减时，应加上 360°。

当用 DJ_6 级光学经纬仪测量水平角时，上、下两个半测回合称为一测回。上、下两个半测回所测得的水平角之差应不超过±40″。在达到精度要求时取平均值作为一测回的值，即

$$\beta=\frac{1}{2}(\beta_{左}+\beta_{右}) \tag{3-1}$$

在本例中，因 $\beta_{左}-\beta_{右}=146°09'24''-146°09'18''=6''<+40''$，符合精度要求，故 $\beta=\frac{1}{2}(\beta_{左}+\beta_{右})=\frac{1}{2}(146°09'24''+146°09'18'')=146°09'21''$

若两个半测回所测得的水平角之差超过±40″，则该水平角测量超限，应重新测量。观测数据的记录格式及计算如表 3-1 所示。

当水平角测量精度要求较高时，可进行 n 测回。为了消除水平度盘刻划不均匀引起的误差，每测回应按 180°/n 的差值变换水平度盘起始位置。

微课：方向观测法

3.3.2 全圆观测法

在一个测站上，当观测方向有 3 个或 3 个以上时，一般采用全圆观测法（在半测回中若不归零，则称为方向观测法），从起始方向顺次观测各个方向后，最后要回测起始方向，即全圆观测。最后一步称为归零，这种在半测回中归零的方法称为全圆观测法，如在图 3-9 中，OA 为起始方向，也称零方向。

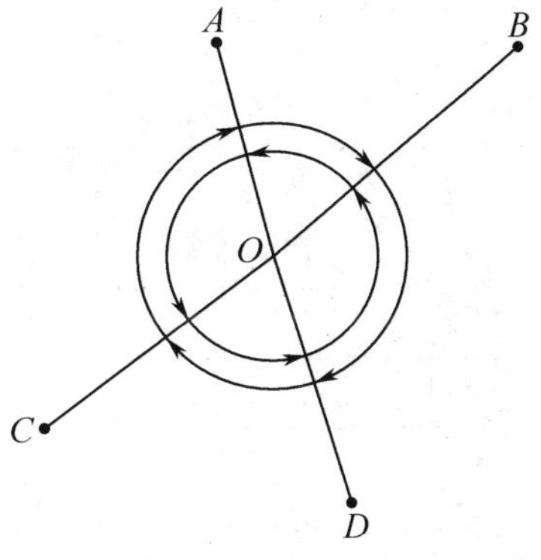

图 3-9 全圆观测法

1. 观测步骤

（1）安置经纬仪于 O 点，以盘左位置瞄准起始方向，水平度盘置零，如图 3-9 中的 A 点，得到水平度盘读数 a。

（2）顺时针转动照准部，依次瞄准目标点 B、C、D，分别得到水平度盘读数 b、c、d。

继续转动照准部，再次瞄准起始方向，得到水平度盘读数 a'，这一步称为归零，a'与 a 之差称为半测回归零差。DJ_6 级光学经纬仪的半测回归零差限差为 24″。如果半测回归零差超限，则说明在观测过程中仪器水平度盘位置有变动，此半测回应该重测。全圆观测法水平角观测限差如表 3-2 所示。

表 3-2　全圆观测法水平角观测限差

项　　目	DJ_2 级光学经纬仪	DJ_6 级光学经纬仪
半测回归零差	8″	24″
一测回 $2c$ 变动范围	13″	36″
各测回同一归零方向值互差	9″	24″
光学测微器两次重合差	3″	

以上观测过程为全圆观测法的上半测回。

（3）以盘右位置按逆时针方向依次瞄准目标点 A、D、C、B、A，分别得到水平度盘读数。此为下半测回，其半测回归零差不应超限。

每次读数都应按规定格式记入表 3-3。

表 3-3　水平角观测手簿（全圆观测法）

天气________　　　　日期________

观测者__________　　　　成像________

记录者__________　　　　仪器型号　DJ_6　

测回	测站点	目标	水平度盘读数		2c =盘左读数-(盘右读数±180°)	平均读数=1/2[盘左读数+(盘右读数±180°)]	归零方向值	各测回归零方向值之平均值	略图及水平角
			盘左	盘右					
一	O	A	0°01′00″	180°01′18″	−18″	(0°01′15″) 0°01′09″	0°00′00″	0°00′00″	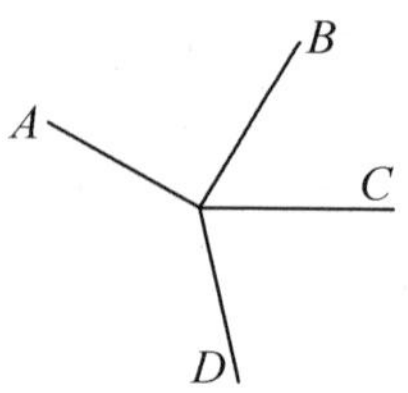
		B	92°54′06″	272°54′00″	+6″	92°54′03″	92°52′48″	92°52′45″	
		C	153°32′48″	333°32′48″	0″	153°32′48″	153°31′33″	153°31′33″	
		D	215°06′12″	35°06′06″	+06″	215°06′09″	215°04′54″	215°05′00″	
		A	0°01′24″	180°01′18″	+06″	0°01′21″			
二	O	A	90°01′12″	270°01′24″	−12″	(90°01′27″) 90°01′18″	0°00′00″		
		B	182°54′00″	2°54′18″	−18″	182°54′09″	92°52′42″		
		C	243°32′54″	63°33′06″	−18″	243°33′00″	153°31′33″		
		D	305°06′36″	125°06′30″	+6″	305°06′33″	215°05′06″		
		A	90°01′36″	270°01′36″	0″	90°01′36″			

上、下两个半测回合称为一测回。当水平角测量精度要求较高时，可观测 n 测回。

为了消除水平度盘刻划不均匀引起的误差，每测回也应按 180°/n 的差值变换水平度盘起始位置。

2. 全圆观测法的计算与限差

（1）计算两倍照准误差 $2c$：两倍照准误差是用同一台仪器观测同一方向盘左读数、盘右读数之差，记为 $2c$。它是由视准轴不垂直于横轴引起的观测误差，计算公式为

$$2c=\text{盘左读数}-(\text{盘右读数}\pm180°)$$

对于 DJ_6 级光学经纬仪，$2c$ 只作为参考，不作为限差规定。如果其变动范围不大，则说明仪器是稳定的，不需要校正，取盘左读数、盘右读数的平均值即可消除视准轴误差的影响。

（2）一测回内各方向平均读数的计算：

$$\text{同一方向的平均读数}=\frac{1}{2}[\text{盘左读数}+(\text{盘右读数}\pm180°)] \qquad (3\text{-}2)$$

起始方向有两个平均读数，应再取其平均值，将算出的结果填到同一格的括号内，如一测回中的（0°01′15″）。

（3）一测回归零方向值的计算：将各个方向（包括起始方向）的平均读数减去起始方向的平均读数，即可得到各个方向的归零方向值。显然，起始方向的归零方向值为 0°00′00″。

（4）各测回归零方向值之平均值的计算：每测回各个方向都有一个归零方向值，若各测回同一方向的归零方向值之差不大于 24″（针对 DJ_6 级光学经纬仪），则可取其平均值作为该方向归零方向值的最后结果。

（5）水平角的计算：将右方向值减去左方向值，即可得到该两方向之间的水平角。

任务 3.4 竖直角测量

在线课：竖直角测量

3.4.1 竖盘的构造

图 3-10 所示为 DJ_6 级光学经纬仪竖盘的构造，主要包括竖盘、竖盘指标、竖盘指标水准管和竖盘指标水准管微动螺旋。竖盘固定在横轴的一侧，随望远镜在竖直面内同时上、下转动。竖盘指标不随望远镜转动，它与竖盘指标水准管连接在一个微动架上，转动竖盘指标水准管微动螺旋，可使竖盘指标在竖直面内产生微小移动。当竖盘指标水准管中的气泡居中时，竖盘指标应处于竖直位置，即在正确位置。一个校正好的竖盘，当望远镜视准轴水平、竖盘指标水准管中的气泡居中时，读数窗中竖盘指标所指的读数应是 90° 或 270°，此读数即视线水平时的竖盘读数。一些新型的经纬仪安装了自动归零装置来代替竖盘指标水准管，在测量竖直角时，打开自动归零开关，待摆稳定后直接进行读数，提高了观测速度和精度。

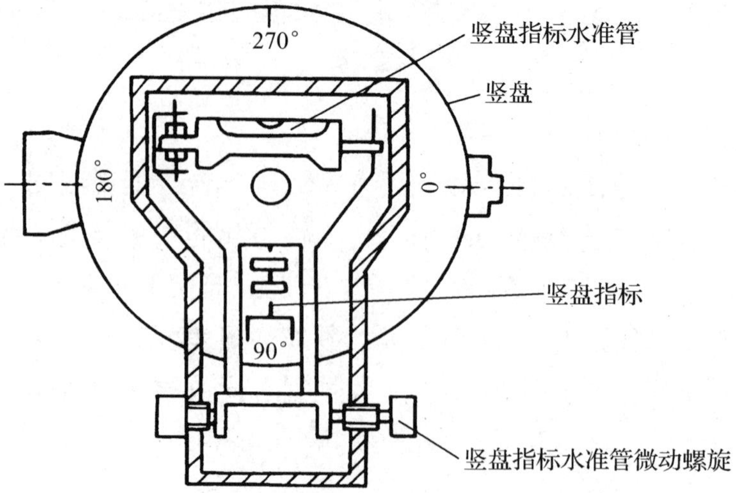

图 3-10　DJ_6 级光学经纬仪竖盘的构造

竖盘的刻划注记形式有很多种，常见的光学经纬仪竖盘注记形式为全圆式刻划。全圆式刻划又可分为顺时针注记和逆时针注记两种，多数 DJ_6 级光学经纬仪采用的是顺时针注记的竖盘，盘左位置视线水平时竖盘读数均为 90°，盘右位置视线水平时竖盘读数均为 270°，如图 3-11 所示。

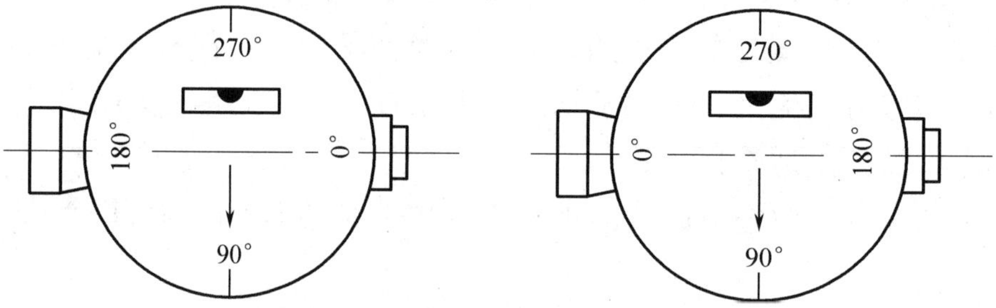

图 3-11　竖盘（盘左）注记形式

3.4.2　竖直角的测量步骤

在线课：竖直角观测

1. 竖直角的观测

（1）在测站点 O 处安置经纬仪，以盘左位置瞄准目标，使望远镜的十字丝横丝瞄准目标点 M。

（2）转动竖盘指标水准管微动螺旋，使竖盘指标水准管中的气泡居中，得到竖盘读数 L。

（3）调转望远镜，以盘右位置再次瞄准目标点 M。调节竖盘指标水准管中的气泡使其居中，得到竖盘读数 R。

竖直角观测手簿如表 3-4 所示。

表 3-4　竖直角观测手簿

观测者__________　　　　　　　　　　　　　　　　记录者______

仪器型号　DJ_6　　　　　　　　　　　　　　　　日期________

测站点	目标	竖盘位置	竖盘读数	半测回竖直角	竖盘指标差	一测回竖直角	备　注
O	*A*	左	79°20′36″	10°39′24″	+15″	10°39′39″	盘左 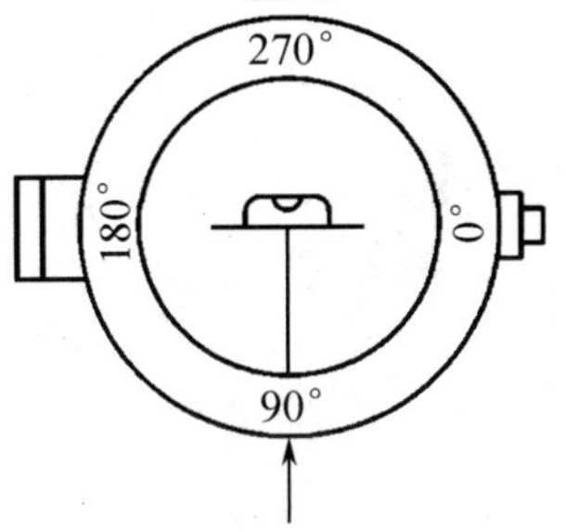
		右	280°39′54″	10°39′54″			
	B	左	97°05′24″	−7°05′24″	+6″	−7°05′18″	
		右	262°54′48″	−7°05′12″			

2. 竖直角的计算

竖直角是由两个方向的读数（瞄准目标时的读数与视线水平时的读数）之差确定的。问题在于应由哪个读数减哪个读数，以及视线水平时的读数是多少，这应由竖盘注记形式确定。只需对所用仪器以盘左位置先将望远镜大致放平，记下读数，然后将望远镜逐渐上倾，观察读数是增大还是减小，就可以确定竖直角的计算公式。

当望远镜上倾竖盘读数减小时，竖直角=视线水平时的读数−瞄准目标时的读数。

当望远镜上倾竖盘读数增大时，竖直角=瞄准目标时的读数−视线水平时的读数。

计算结果为正值是仰角，结果为负值是俯角。

下面以 DJ_6 级光学经纬仪竖盘顺时针注记（见图 3-12）来说明竖直角的计算方法。

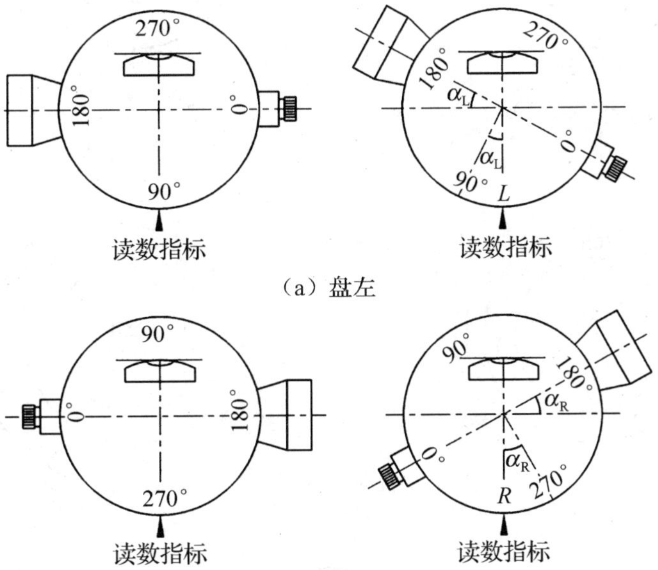

（b）盘右

图 3-12　竖直角计算示意图

由图 3-12 可知，在盘左位置，视线水平时的读数为 90°，当望远镜上倾时读数减小；

在盘右位置，视线水平时的读数为270°，当望远镜上倾时读数增大。若以 L 表示盘左位置瞄准目标时的读数，以 R 表示盘右位置瞄准目标时的读数，则竖直角的计算公式为

$$\alpha_L=90°-L \tag{3-3}$$

$$\alpha_R=R-270° \tag{3-4}$$

取盘左、盘右位置的竖直角平均值作为观测结果，即

$$\alpha=\frac{1}{2}(\alpha_L+\alpha_R)=\frac{1}{2}(R-L)-90° \tag{3-5}$$

【例题】求表3-4中 OA、OB 之间的竖直角。

根据式（3-5）可得

$$\alpha_{OA}=\frac{1}{2}(R-L)-90°=\frac{1}{2}(280°39'54''-79°20'36'')-90°=+10°39'39''$$

$$\alpha_{OB}=\frac{1}{2}(262°54'48''-97°05'24'')-90°=-7°05'18''$$

3.4.3 竖盘指标差

竖盘指标差是由竖盘指标水准管与竖盘指标的关系不正确等因素引起的。当望远镜的视线水平、竖盘指标水准管中的气泡居中时，竖盘指标所指的读数应为90°或270°，否则竖盘指标所指的读数与90°或270°的差值为竖盘指标差，用 x 表示，如图3-13所示。

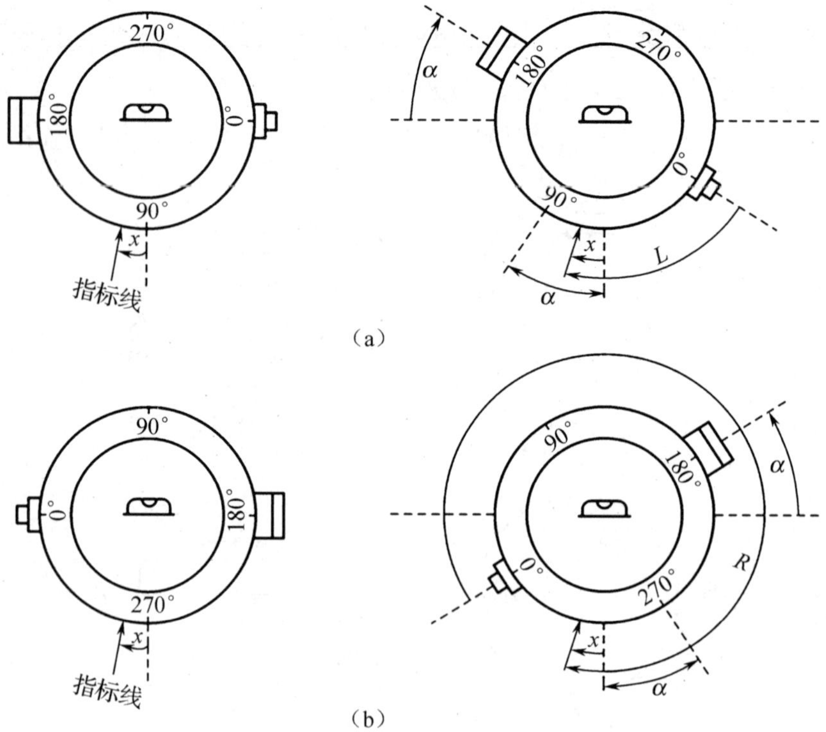

图3-13 竖盘指标差

竖盘指标差有正、负之分，当竖盘指标偏移方向与竖盘注记方向一致时，会使竖盘读数增大 x，即 x 为正值；当竖盘指标偏移方向与竖盘注记方向相反时，会使竖盘读数减小 x，

即 x 为负值。如图 3-13 所示，竖盘指标偏移方向和竖盘注记方向一致，x 为正值，盘左读数和盘右读数都将增大 x。因此，若用盘左读数计算竖直角 α，则为

$$\alpha = (90^\circ + x) - L = \alpha_L + x \tag{3-6}$$

若用盘右读数计算竖直角 α，则为

$$\alpha = R - (270^\circ + x) = \alpha_R - x \tag{3-7}$$

由式（3-6）加式（3-7）可得

$$\alpha = \frac{1}{2}(\alpha_L + \alpha_R) = \frac{1}{2}(R - L) - 90^\circ \tag{3-8}$$

式（3-8）与式（3-5）完全相同，说明利用盘左、盘右两次读数计算竖直角，可以消除竖盘指标差对竖直角测量的影响。

由式（3-7）减式（3-6）可得

$$x = \frac{1}{2}(\alpha_R - \alpha_L) = \frac{1}{2}(L + R) - 180^\circ \tag{3-9}$$

由表 3-4 中的观测数据和式（3-9），可求出 OA、OB 方向的竖盘指标差分别为+15″和+6″。

在测量竖直角时，虽然采用盘左、盘右两次观测并取其读数的平均值可消除竖盘指标差的影响，但求出竖盘指标差可以检查观测结果的质量。当使用同一仪器在同一测站点观测不同的目标时，在某段时间内其竖盘指标差应为固定值，但观测误差、仪器误差和外界条件的影响使实际求出的竖盘指标差是不断变化的，对于 DJ_6 级光学经纬仪，该变化不应超过 25″。

任务 3.5 经纬仪的检验与校正

为了确保在使用经纬仪测量角度时能得出符合精度要求的测量结果，要在测量前对所使用的经纬仪进行检验与校正。由于经纬仪在搬运、装箱、使用等各个过程中，各轴线之间的几何条件可能会发生改变，因此在使用经纬仪之前，要对其进行检验与校正，以调整各轴线之间的几何关系。

经纬仪的轴线有望远镜的视准轴 CC、横轴（望远镜俯仰转动的轴）HH、照准部的水准管轴 LL 和竖轴 VV，如图 3-14 所示。经纬仪各轴线之间应满足以下几何条件。

（1）水准管轴 LL 应垂直于竖轴 VV。

（2）十字丝竖丝应垂直于横轴 HH。

（3）视准轴 CC 应垂直于横轴 HH。

（4）横轴 HH 应垂直于竖轴 VV。

（5）竖盘指标差应等于零。

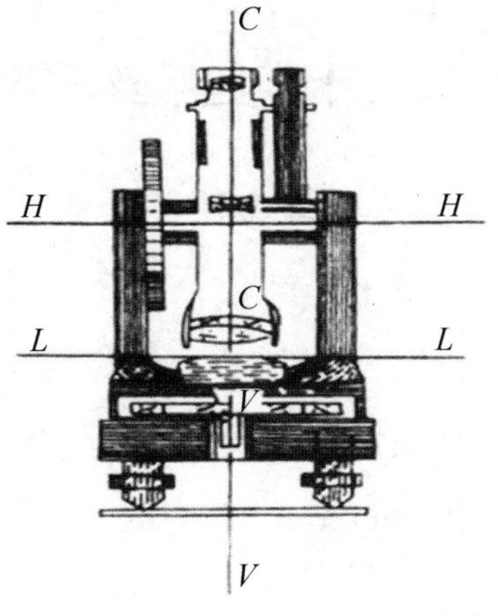

图 3-14 经纬仪的轴线示意图

3.5.1 水准管轴垂直于竖轴的检验与校正

1. 检验方法

将经纬仪大致整平后，转动照准部，使水准管与任意一对脚螺旋的连线平行，如图3-15（a）中的 *ab*∥12，调节脚螺旋1、2，使水准管中的气泡居中。再次转动照准部，使 *ab*∥13（此时 *a* 端与脚螺旋1在同一侧），转动脚螺旋3（不能转动脚螺旋1），使水准管中的气泡居中，如图3-15（b）所示，这时脚螺旋2、3已等高。再次转动照准部，使 *ab*∥32，如图3-15（c）所示，此时若水准管中的气泡仍居中，则几何条件满足；若气泡偏离居中位置一格以上，则应进行校正。

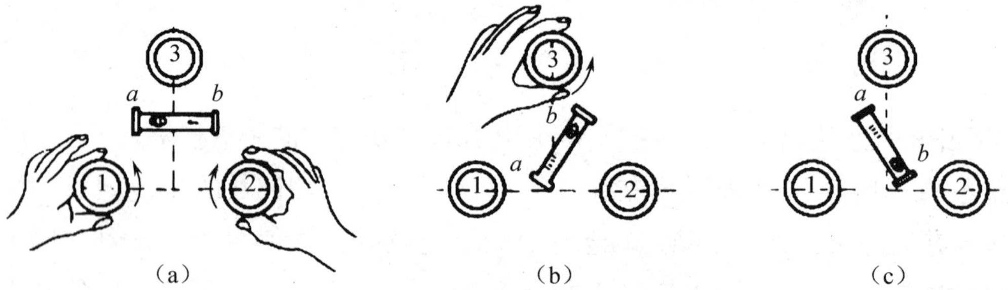

图3-15 水准管轴垂直于竖轴的检验

2. 校正方法

当水准管轴不垂直于竖轴时，用校正针拨动水准管校正螺钉，使水准管中的气泡精确居中即可。由于图3-15中经过（a）、（b）两步连续操作后，脚螺旋2、3已等高，因此在校正时应注意不能再转动它们。

此项校正要反复进行几次，直到照准部转到任何位置，水准管中的气泡均居中或偏离零点位置不超过半格为止。对于圆水准器的检验与校正，可利用已校正好的水准管整平经纬仪，此时若圆水准器中的气泡偏离零点位置，则用校正针拨动其校正螺钉，使气泡居中即可。

3.5.2 十字丝竖丝垂直于横轴的检验与校正

1. 检验方法

整平经纬仪，以十字丝交点精确瞄准任一清晰的小点 *P*，如图3-16所示。旋紧照准部和望远镜的制动扳钮，转动望远镜的垂直微动螺旋，使望远镜上、下微动，如果所瞄准的小点始终不偏离十字丝竖丝，则说明几何条件满足；若十字丝交点移动的轨迹明显偏离了 *P* 点，如图3-16中的虚线所示，则需要进行校正。

2. 校正方法

卸下目镜处的外罩，即可看到十字丝分划板校正设备，如图 3-17 所示。先松开四个十字丝分划板套筒压环固定螺钉，转动十字丝分划板套筒，直至十字丝横丝始终在 P 点上移动，再将压环固定螺钉旋紧。

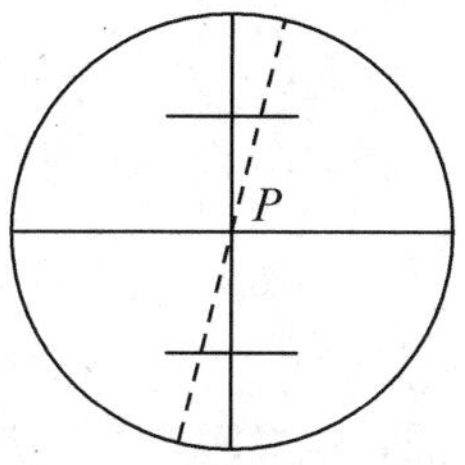

图 3-16 十字丝竖丝垂直于横轴的检验

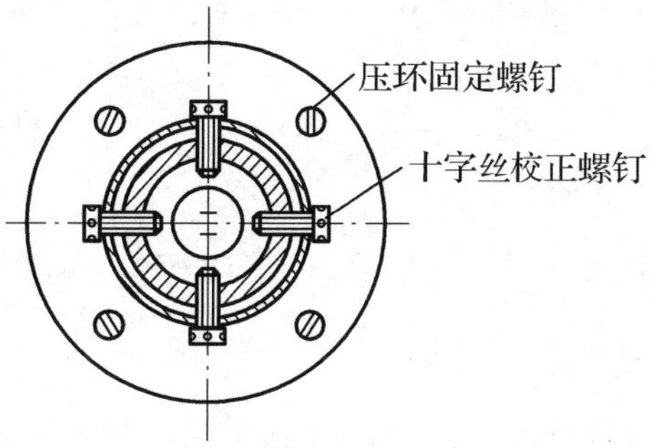

图 3-17 十字丝分划板校正设备

3.5.3 视准轴垂直于横轴的检验与校正

视准轴不垂直于横轴所偏离的角度称为照准误差，一般用 c 表示。它是由十字丝交点位置不正确所引起的。因照准误差的存在，当望远镜绕横轴旋转时，视准轴移动的轨迹不是一个竖直面，而是一个圆锥面。当望远镜照准同一竖直面内不同高度的目标时，其水平度盘的读数是不相同的，从而产生角度测量误差。因此，视准轴必须垂直于横轴。

1. 检验方法

整平经纬仪，以盘左位置瞄准远处与经纬仪大致同高的一点 P，得到水平度盘读数 α_1；纵转望远镜，以盘右位置仍瞄准 P 点，得到水平度盘读数 α_2。如果 α_1 与 α_2 相差 180°，即 $\alpha_1=\alpha_2\pm180°$，则几何条件满足，否则应进行校正。

2. 校正方法

转动照准部微动螺旋，使盘右水平度盘读数对准正确读数 $\alpha=\frac{1}{2}[\alpha_2+(\alpha_1\pm180°)]$，这时十字丝交点已偏离 P 点。用校正针拨动十字丝环的左、右两个十字丝校正螺钉，如图 3-17 所示，一松一紧使十字丝环水平移动，直到十字丝交点对准 P 点为止。

由此项检验与校正可知，以盘左、盘右位置瞄准同一目标并取读数的平均值，可以消除视准轴误差的影响。

3.5.4 横轴垂直于竖轴的检验与校正

若横轴不垂直于竖轴，则当视准轴绕横轴旋转时，视准轴移动的轨迹将是一个倾斜面，而不是一个竖直面。这在观测同一竖直面内不同高度的目标时，将得到不同的水平度盘读数，从而产生角度测量误差。因此，横轴必须垂直于竖轴。

1. 检验方法

在距离墙面 20～30m 处安置经纬仪，以盘左位置瞄准墙面高处的某一固定点 P（视线尽量正对墙面，其仰角应大于 30°），固定照准部，大致放平望远镜，按十字丝交点在墙面上定出一点 P_1，如图 3-18 所示。按同样的方法再以盘右位置瞄准 P 点，大致放平望远镜，按十字丝交点在墙面上定出一点 P_2，如图 3-18 所示。应有

$$i = \frac{P_1P_2}{2D \cdot \tan\alpha} \cdot \rho$$

式中，$\rho = 206265''$。

对于 DJ_6 级光学经纬仪，若 $i>20''$，则需要进行校正。

2. 校正方法

取 P_1P_2 的中点 P_M，并以盘右（或盘左）位置瞄准 P_M 点，固定照准部，抬高望远镜使其与 P 点同高，此时十字丝交点将偏离 P 点而落到 P' 点上。在校正时，可拨动支架上的偏心轴承板，使横轴的右端升高或降低，直至十字丝交点对准 P 点，此时横轴误差已消除。由于光学经纬仪的横轴是密封的，一般能够满足横轴与竖轴相垂直的条件，因此测量人员只要进行此项检验即可，若需要校正，则应由专业检修人员进行。

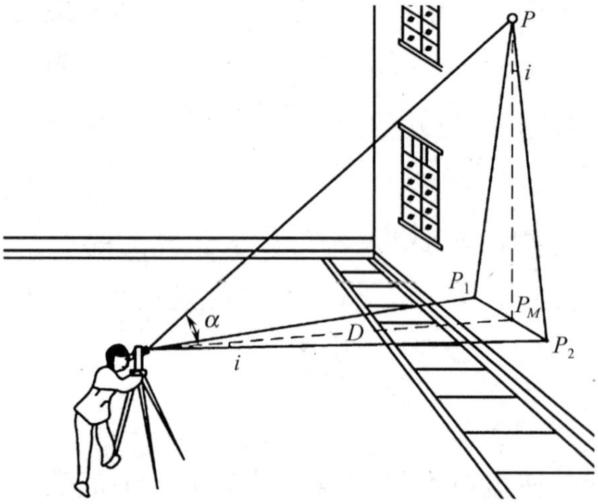

图 3-18　横轴垂直于竖轴的检验

3.5.5　竖盘指标差的检验与校正

1. 检验方法

安置仪器，分别以盘左、盘右位置瞄准高处某一固定目标，在竖盘指标水准管中的气泡居中后，分别得到竖盘读数 L 和 R。根据式（3-9）计算竖盘指标差 x，若 $x=0$，则几何条件满足；若 x 大于 2′或小于−2′，则应进行校正。

2. 校正方法

在检验结束时，保持盘右位置和照准目标点不动，先转动竖盘指标水准管微动螺旋，

使盘右竖盘读数对准正确读数 $R-x$，此时竖盘指标水准管中的气泡偏离居中位置，然后用校正针拨动其校正螺钉，使气泡居中。反复进行几次，直到竖盘指标差在$-1'$到 $1'$范围内为止。

在测量竖直角时，虽然采用盘左、盘右两次观测并取其读数的平均值可消除竖盘指标差的影响，但在测量地形时，往往只用盘左位置观测碎部点，如果仪器的竖盘指标差较大，则会影响测量结果的质量。因此，应对其进行检验与校正。

任务 3.6 角度测量的误差及注意事项

在线课：水平角的测量误差及注意事项

3.6.1 角度测量的误差

角度测量的误差主要来源于仪器误差、观测误差及外界条件的影响等几个方面。要认真分析这些误差，找出消除或减小误差的方法，从而提高测量精度。

竖直角主要用于三角高程测量和视距测量，在测量竖直角时，只要严格按照操作规程作业，采用测回法消除竖盘指标差的影响，测得的竖直角就能满足对三角高程和视距进行求解的要求。因此，本节只分析水平角的测量误差。

1. 仪器误差

（1）仪器制造加工不完善所引起的误差，如照准部偏心误差、水平度盘分划误差等。经纬仪照准部旋转中心应与水平度盘中心重合，如果两者不重合，即存在照准部偏心误差，那么在水平角测量中，此项误差的影响也可通过盘左、盘右两次观测并取其读数的平均值的方法加以消除。水平度盘分划误差的影响一般较小，当测量精度要求较高时，可采用各测回间变换水平度盘位置的方法进行观测，以减小此项误差的影响。

（2）仪器校正不完善所引起的误差。例如，对于视准轴不垂直于横轴、横轴不垂直于竖轴所引起的误差，可以通过盘左、盘右两次观测并取其读数的平均值的方法来消除；对于竖轴不垂直于水准管轴所引起的误差，不能通过盘左、盘右两次观测并取其读数的平均值或其他观测方法来消除，因此必须认真做好此项检验与校正。

2. 观测误差

（1）对中误差。仪器对中不准确使仪器中心偏离测站点标志中心的位移叫作偏心距，偏心距将使所测得的水平角不是大就是小。经研究已经知道，对中误差引起的水平角测量误差与偏心距成正比，并与测站点标志中心到目标点的距离成反比。因此，在进行水平角测量时，仪器的对中误差不应超出相应规范规定的范围，特别是对于短边的水平角进行测量时，更应该精确对中。

（2）整平误差。如果仪器未能精确整平或在观测过程中水准管中的气泡不再居中，竖轴就会偏离铅垂位置。整平误差不能用观测方法来消除，此项误差的影响与观测目标时视线竖直角的大小有关，当观测目标与视线大致同高时，整平误差的影响较小；当观测目标与视线之间的竖直角较大时，整平误差的影响明显增大，此时应特别注意认真整平仪器。当发现水准管中的气泡偏离居中位置超过一格时，应重新整平仪器，重新观测。

（3）目标偏心误差。目标点上的标杆倾斜导致瞄准点偏离目标点所产生的偏心误差称为目标偏心误差。目标偏心误差是由目标点上的标杆倾斜引起的。目标点上一般都会竖立标杆，当标杆倾斜而观测者又瞄准其顶部时，标杆越长，瞄准点越高，产生的目标偏心误差越大，当测站点标志中心与目标点间距离较短时目标偏心误差的影响更大。为了减小此项误差的影响，在观测时，标杆要准确而竖直地立在目标点上，并且尽量瞄准标杆的底部。

（4）瞄准误差。引起瞄准误差的因素有很多，如望远镜孔径的大小、分辨率、放大倍率、十字丝粗细和清晰度，人眼的分辨能力，目标的形状、大小、颜色、亮度和背景，以及周围的环境、空气透明度、大气湍流和温度等，其中望远镜放大倍率的影响最大。经计算，DJ_6级光学经纬仪的瞄准误差为±2″～±2.4″，观测时应注意消除视差，调清十字丝。

（5）读数误差。读数误差与读数设备、照明情况和观测者的经验有关。一般来说，读数误差主要取决于读数设备。对于6″级光学经纬仪，估读误差一般不应超过分划值的1/10，即不应超过±6″。如果照明情况不佳、读数显微镜存在视差或观测者读数不熟练，则估读误差会增大。

3. 外界条件的影响

角度测量在室外进行时受外界条件的影响很大。例如，大风、松土会影响仪器安置的稳定性，地面辐射热会影响大气稳定从而引起物像的晃动，温度的变化会影响仪器的正常状态等，这些因素都会影响角度测量精度。外界条件的影响是无法避免的，观测者只能采取措施及选择有利的观测条件和时间，将外界条件的影响减到最小，从而保证角度测量精度。

3.6.2 角度测量的注意事项

在用经纬仪测量角度时，往往会因粗心大意而产生错误，如测量角度时仪器没有对中、整平，望远镜瞄准目标不正确，度盘读数、记录出错，以及拧错制动扳钮等，因此在测量角度时必须注意以下几点。

（1）三脚架必须踩牢，仪器安置的高度要适合观测者的身高，仪器与三脚架的连接要牢固；在转动照准部和使用各种螺旋时，用力要适中，观测时不要手扶或碰动三脚架。

（2）对中、整平要准确。在水平角测量过程中，当同一测回内发现照准部水准管中的气泡偏离居中位置时，不允许重新调整水准管中的气泡使其居中；当气泡偏离居中位置超过一格时，需要重新整平仪器，并重新观测。在测量竖直角时，每次读数之前必须使竖盘指标水准管中的气泡居中或将自动归零开关置于“ON”。

（3）在瞄准目标时，尽可能用十字丝交点瞄准标杆或测钎的基部；在测量竖直角时，宜使十字丝中丝切于目标的指定部位。

（4）不要把水平度盘和竖盘读数混淆；记录要清楚，并当场进行计算校核，若误差超限，则应查明原因并重新观测。

（5）在测量水平角时，同一测回内不能转动水平度盘变位手轮或按水平度盘复测扳钮。

素养提升

测绘精神为国家建设注入了强大动力。

测绘精神起源于古代，伴随着地理信息科学的发展而不断丰富。从古代的烽火台、水利工程，到现代的卫星导航、智慧城市，测绘工作始终记录着祖国的壮丽山河和时代变迁。在我国，测绘工作是国家战略的重要组成部分。近年来，随着“数字中国”和“智慧地球”等理念的提出，测绘精神得到了更广泛的关注和认可。

测绘精神的内涵包括以下几个方面。

敬业：测绘人员要时刻把国家和人民的利益放在首位，以高度的责任感和敬业精神投身到工作中。专业：测绘工作要求测绘人员具备扎实的专业知识和技能，以及极高的专业素养和精湛的业务能力。精益求精：测绘人员需要具备精准、严谨的工作态度，不断提高成果质量和工作效率。勇攀高峰：测绘人员要敢于挑战困难，追求卓越，努力突破技术瓶颈，推动测绘事业的创新和发展。

测绘精神对于国家安全、社会稳定和经济发展具有重要意义。精确的测绘数据是国家安全的重要保障，如军事行动、灾害预警等都需要测绘技术的支持，测绘精神体现了测绘人员为国家安全默默付出的奉献精神；测绘工作为基础设施建设、土地资源规划、环境保护等提供了基础数据和解决方案，为社会稳定和可持续发展提供了有力支撑，测绘精神在实践中展现出的精益求精、勇攀高峰的精神风貌，为社会的和谐发展注入了强大动力；测绘工作在促进国土资源合理开发、农业现代化、工业布局优化等方面发挥着重要作用，为经济发展提供了坚实的地理信息保障。

技能实训

1．经纬仪由哪几大部分组成？各有何作用？

2．对中、整平的目的是什么？试述经纬仪用光学对中器对中法进行对中、整平的步骤与方法。

3．什么是水平角？

4．什么是竖直角？

5．整理如表 3-5 所示的用测回法测量水平角的记录，并在备注栏内绘出测角示意图。

表 3-5　用测回法测量水平角的记录

测站点	测回	竖盘位置	目标	水平度盘读数	半测回水平角	一测回水平角	各测回水平角平均值	备注
A	1	盘左	1	0°10′06″				
			2	86°42′30″				
		盘右	1	180°09′54″				
			2	266°42′12″				
	2	盘左	1	90°10′42″				
			2	176°42′54″				
		盘右	1	270°11′06″				
			2	356°43′00″				

6．整理如表 3-6 所示的竖直角测量记录。

表 3-6　竖直角测量记录

测站点	目标	竖盘位置	竖盘读数	半测回竖直角	竖盘指标差	一测回竖直角	备注
A	1	盘左	64°35′54″				
		盘右	295°23′12″				
	2	盘左	107°05′06″				
		盘右	252°54′24″				

项目 4

水平距离测量

知识目标

了解钢尺量距的工具；了解目估定线和经纬仪定线两种直线定线的方法；掌握钢尺量距的一般方法；了解钢尺量距的误差及注意事项；掌握视距测量的基本原理和简单计算方法；对光电测距有基本的认识。

能力目标

能够理解钢尺量距的基本思路；能够运用钢尺量距的一般方法；能够运用视距测量的方法进行简单的计算；能够进行光电测距。

项目导入

距离测量是测量的三项基本工作之一，是建筑工程测量中十分重要的一部分。这里所说的距离是指两点间的水平距离。如果在实际测量中测得的是倾斜距离，则必须通过相应的计算改算出水平距离。在距离测量中，所用仪器、工具不同，测量距离的方法也不同，常见的有钢尺量距、视距测量和光电测距。

任务 4.1 钢尺量距

钢尺量距是水平距离测量中最基础的一种方法。钢尺量距又分为一般方法和精密方法两种，所用到的主要工具是钢尺。

4.1.1 量距工具

微课：钢尺量距的工具

1. 钢尺

钢尺量距所用到的主要工具是钢尺，又称卷尺或钢卷尺。一般钢尺是用宽 10～15mm、厚 0.2～0.4mm 的钢带制成的，长度有 20m、30m 及 50m 几种。钢尺的基本分划为 cm，它的 dm 及 m 的分划线上都有数字注记。由于钢尺的零点位置不同，因此钢尺又分为端点尺和刻线尺两种，如图 4-1 所示。

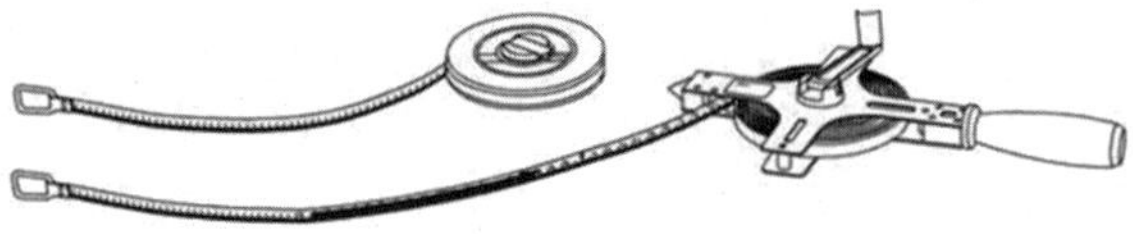

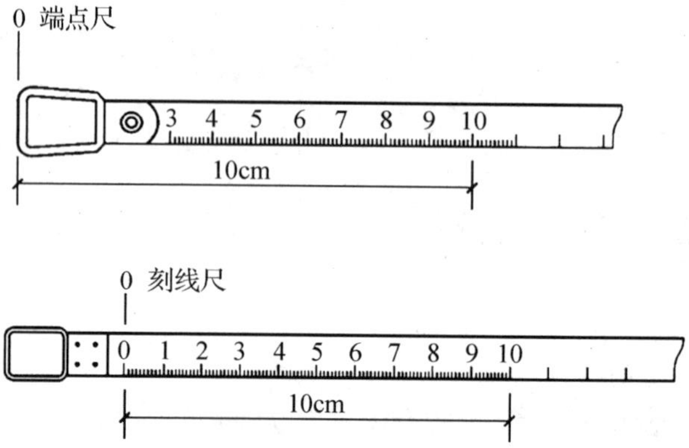

图 4-1 钢尺

钢尺的优点：抗拉强度高，不易拉伸，量距精度较高，在工程测量中常用钢尺量距。钢尺的缺点：性脆，易折断，易生锈，使用时要避免扭折、防止受潮。

2. 其他辅助工具

测钎：由粗铁丝或细钢筋加工制成，长 30～40cm，一般 6 根或 11 根为一组。测钎用于分段丈量时标定每段尺端点位置和记录整尺段数。

标杆：又称为花杆，直径约为 3cm，长 2～3m，杆身用油漆涂成红白相间，每节长 20cm。在距离丈量中，标杆主要用于分段点的定线。

垂球：用于在不平坦的地面上直接量取水平距离时将平拉的钢尺端点投影到地面上。

弹簧秤：用于对钢尺施加规定的拉力，避免因拉力太小或太大而造成量距误差。

温度计：用于在进行钢尺量距时测定温度，以便对钢尺长度进行温度改正，消除或减小温度变化使钢尺长度改变而造成的量距误差。

4.1.2 直线定线

在测量水平距离时，当地面上两点间的距离超过一整尺长，或者地势起伏较大，一尺段无法完成丈量工作时，需要在两点的连线上标定出若干个点，这项工作称为直线定线。按精度要求的不同，直线定线有目估定线和经纬仪定线两种方法。

微课：目估定线

1. 目估定线

在普通精度量距中，可采用目估定线方法，其步骤如下。

如图 4-2 所示，*A*、*B* 为地面上互相通视的两点，欲在 *A*、*B* 两点间的直线上定出 *C*、*D* 等分段点。目估定线工作可由甲、乙两人完成。

（1）在 *A*、*B* 两点上竖立标杆，甲立于 *A* 点标杆后面 1～2m 处，用眼睛自 *A* 点标杆后面瞄准 *B* 点标杆。

（2）乙持另一标杆沿 *BA* 方向走到离 *B* 点大约一尺段长的 *C* 点附近，按照甲的指挥手势左右移动标杆，直到标杆位于 *AB* 直线上为止，插下标杆（或测钎），定出 *C* 点。

（3）采用同样的方法在 *AB* 直线上定出 *D* 点，依次类推。这种从直线远端 *B* 走向近端 *A* 的定线方法称为走近定线。目估定线一般应采用走近定线。

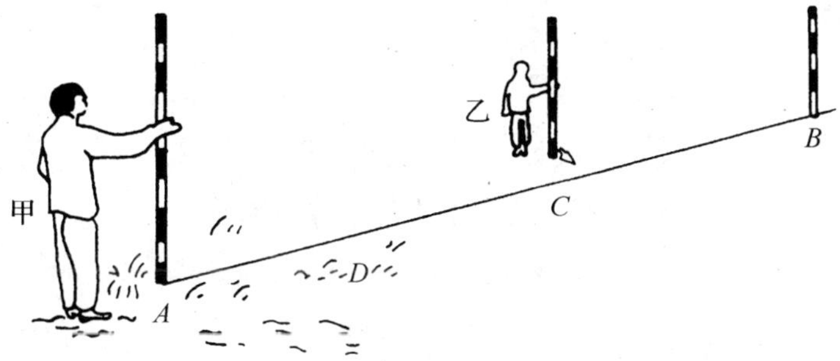

图 4-2　目估定线

动画：经纬仪定线

2. 经纬仪定线

当直线定线精度要求较高时，可采用经纬仪定线方法。如图 4-3 所示，欲在 *A*、*B* 两点间的直线上精确定出 1、2 等点的位置。可由甲将经纬仪安置于 *A* 点，并进行对中、整平。先用望远镜十字丝竖丝照准 *B* 点，固定照准部水平制动扳钮。然后将望远镜向下转动，指挥乙移动标杆，当标杆与十字丝竖丝重合时，在标杆的位置打下木桩，根据十字丝竖丝指挥乙在木桩上钉下铁钉，准确定出 1 点的位置。采用同样的方法定出 2 点和其他各点的位置。

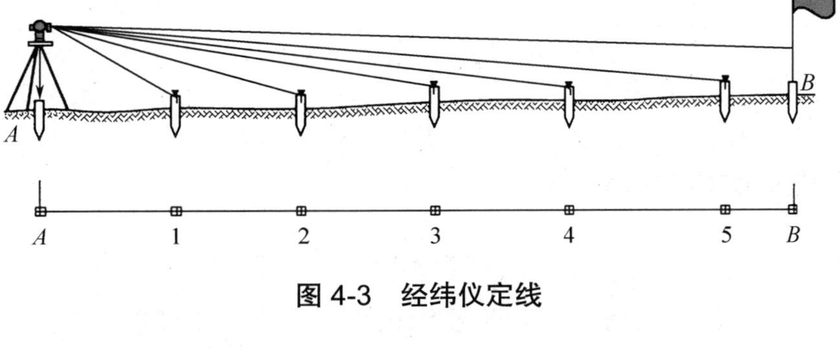

图 4-3　经纬仪定线

4.1.3 钢尺量距的一般方法

微课：钢尺量距的一般方法（沿平坦地面量距）

动画：平坦地面钢尺量距

1. 沿平坦地面量距

欲沿平坦地面丈量 A、B 两点间的距离，先进行直线定线，确定若干个中间点并插上测钎，这样 A、B 两点间的直线便被分成若干段，分段丈量，然后计算各段距离和。操作时拉开钢尺，使钢尺零点对准 A 点，拉平、拉稳钢尺，另一端对准第一个中间点，记下钢尺读数，得到第一段距离，依次测量其他各段距离并相加，得到往测结果 $D_{往}$，往测为 $A \rightarrow B$。为了防止丈量中发生错误，同时也为了提高丈量精度，通常采用往返测作比较。返测为 $B \rightarrow A$，采用同样的方法测得 $D_{返}$，若 $K = \left|D_{往} - D_{返}\right| / D_{平均} \leqslant \dfrac{1}{2000}$，则取平均值 $D_{平均} = \dfrac{1}{2}(D_{往} + D_{返})$ 作为最终结果，否则往返测数据都应作废，并应重测。

微课：钢尺量距的一般方法（沿倾斜地面量距）

2. 沿倾斜地面量距

（1）平量法。

如图 4-4 所示，当地势起伏不大时，可将钢尺拉平丈量，量距方法与沿平坦地面量距方法相同，只不过要把钢尺一端抬高，并且要注意在钢尺中间扶起钢尺以防止其成为悬链线。平量法也要进行往返测。

（2）斜量法。

如图 4-5 所示，若地面坡度比较均匀，则可沿斜面量出 A、B 两点间的斜面长 L，并测出倾斜角 α 或高差 h，依 $D = L\cos\alpha$ 或 $D = \sqrt{L^2 - h^2}$ 求得水平距离。在沿倾斜地面量距时，要求 $\left|D_{往} - D_{返}\right| / D_{平均} \leqslant \dfrac{1}{1000}$。

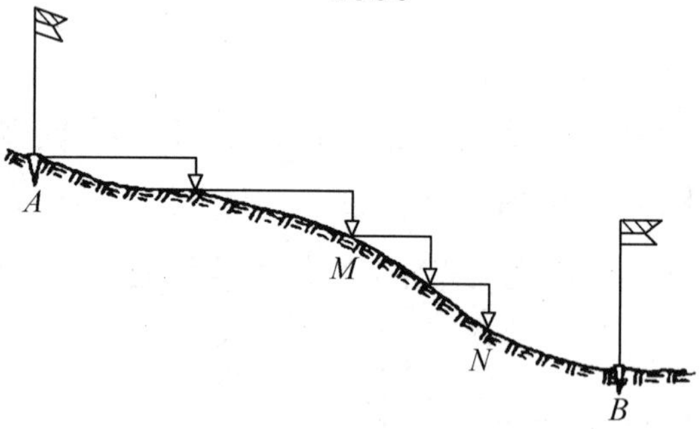

图 4-4 平量法

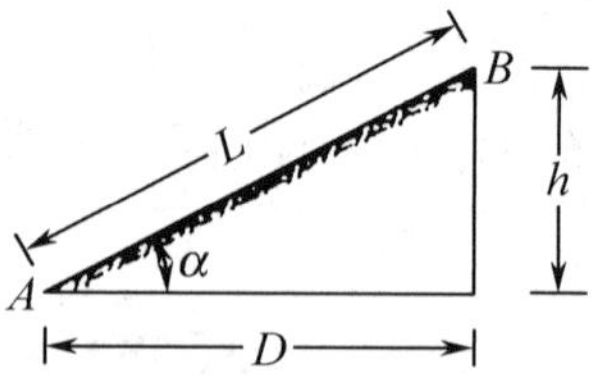

图 4-5 斜量法

4.1.4 钢尺量距的精密方法

在线课：钢尺量距的精密方法

4.1.3 节介绍的钢尺量距的一般方法精度不高，在实际测量工作中，有时量距精度要求很高，如有时要求量距精度在 1/10 000 以上。这时应采用钢尺量距的精密方法。

1. 钢尺检定

由于钢尺受材料、刻划误差、长期使用的变形及丈量时温度和拉力不同等的影响，其实际长度往往不等于尺上所标注的长度（名义长度），因此量距前应对钢尺进行检定。

（1）尺长方程式。

经过检定的钢尺，其长度可用尺长方程式表示，即

$$l_t = l_0 + \Delta l + \alpha(t - t_0)l_0$$

式中，l_t——钢尺在温度为 t 时的实际长度（m）；

l_0——钢尺的名义长度（m）；

Δl——尺长改正数，即钢尺在温度为 t_0 时的改正数（m）；

α——钢尺的膨胀系数，一般取 $\alpha=1.25\times10^{-5}$m/℃；

t_0——钢尺检定时的温度（℃）；

t——钢尺使用时的温度（℃）。

尺长方程式所表示的含义是，钢尺在施加标准拉力下，其实际长度等于名义长度与尺长改正数和温度改正数之和。

（2）钢尺检定方法。

钢尺检定方法有与标准尺比较和在测定精确长度的基线场进行比较两种。下面介绍与标准尺比较的方法。

可将被检定钢尺与已有尺长方程式的标准尺进行比较。将两个钢尺并排放在平坦地面上，都施加标准拉力，并将两个钢尺的末端刻划对齐，在零分划附近读出两尺的差数。这样就能够根据标准尺的尺长方程式计算出被检定钢尺的尺长方程式。这里认为两个钢尺的膨胀系数相同。钢尺检定宜选在阴天时或背阴的地方进行，使气温与钢尺温度基本一致。

2. 精密钢尺量距的外业操作

（1）准备工作。

准备工作包括清理场地、直线定线和测相邻桩顶间高差。

① 清理场地：在欲丈量的两点方向线上，清除影响丈量的障碍物，必要时要适当平整场地，使钢尺在每个尺段中不致因地面障碍物而产生挠曲。

② 直线定线：采用经纬仪定线方法。

③ 测相邻桩顶间高差：利用水准仪，通过双面尺法或往返测测出各相邻桩顶间高差。所测得的各相邻桩顶间高差之差一般不应超过±10mm，在限差内取其平均值作为相邻桩顶间高差，以便将沿桩顶丈量的倾斜距离改算成水平距离。

（2）丈量方法。

人员组成：两人拉尺，两人读数，一人测温度兼记录，共 5 人。

在丈量时，后尺手挂弹簧秤于钢尺的零点端，前尺手执钢尺的末端，两人同时拉紧钢尺，把钢尺有刻划的一侧贴于木桩顶十字线的交点处，当达到标准拉力时，由后尺手发出

“预备”口令，两人拉稳钢尺，由前尺手喊“好”。在此瞬间，前、后读尺员同时读数，估读至 0.5mm，记录员依次记录，并计算尺段长度。

前、后移动钢尺一段距离，采用同样的方法再次丈量。每个尺段测三次，得到三组读数，由三组读数算得的长度之差要求不超过 2mm，否则应重测。如果计算结果在限差之内，则取三次结果的平均值作为该尺段的观测结果。同时，每个尺段丈量应记录温度一次，估读至 0.5℃。如此继续丈量至终点，即完成往测工作。

完成往测后，应立即进行返测。

3. 精密钢尺量距的内业计算

将每个尺段的丈量结果经过尺长改正、温度改正和倾斜改正改算成水平距离并求和，得到路线往测、返测的全长。往测、返测较差符合精度要求后，取往测、返测结果的平均值作为最后结果。

（1）尺长改正：

$$\Delta l_d=\frac{\Delta l}{l_0}\cdot l$$

式中，Δl_d ——尺段的尺长改正数；

Δl ——尺长改正数；

l_0 ——钢尺的名义长度；

l ——尺段的倾斜距离。

（2）温度改正：

$$\Delta l_t=\alpha(t-t_0)l$$

式中，Δl_t ——尺段的温度改正数；

t ——量距时的温度；

t_0 ——钢尺检定时的温度；

α ——钢尺的膨胀系数；

l ——尺段的倾斜距离。

（3）倾斜改正：

$$\Delta l_h=-\frac{h^2}{2l}$$

式中，Δl_h ——尺段的倾斜改正数；

h ——尺段的高差；

l ——尺段的倾斜距离。

（4）改正后的水平距离：

$$D=l+\Delta l_d+\Delta l_t+\Delta l_h$$

（5）计算路线全长。

计算出各尺段改正后的水平距离后，将它们相加便可以得到路线全长，其相对精度为

$$K=\frac{\left|D_{往}-D_{返}\right|}{D_{平均}}$$

当相对精度符合要求时，取往测、返测结果的平均值作为最后结果；当相对精度超出规定的限差时，要求重测。

4.1.5 钢尺量距的误差及注意事项

1. 钢尺量距的误差

（1）尺长误差。当钢尺的名义长度和实际长度不符时，会产生尺长误差。尺长误差是积累性的，它与所量距离成正比。

（2）定线误差。丈量时钢尺偏离定线方向，将使测线成为折线，导致丈量结果偏大，这种误差称为定线误差。

（3）拉力误差。钢尺有弹性，受拉会伸长。钢尺在丈量时所受拉力应与检定时所受拉力相同。如果拉力变化±2.6kg，那么尺长将改变±1mm。一般量距时只要保持拉力均匀即可，精密量距时必须使用弹簧秤。

（4）钢尺垂曲误差。钢尺悬空丈量时中间下垂，称为垂曲，由此产生的误差称为钢尺垂曲误差。钢尺垂曲误差会使量得的长度大于实际长度，故在进行钢尺检定时，亦可按悬空情况检定，得出相应的尺长方程式。在进行结果计算时，按此尺长方程式进行尺长改正即可。

（5）钢尺不水平的误差。在用平量法量距时，钢尺不水平会使所量距离增大。对于 30m 的钢尺，如果目估钢尺不水平的误差为 0.5m（倾角约为 1°），则由此产生的量距误差为 4mm。因此，在用平量法量距时应尽可能使钢尺水平。在精密量距时，测出尺段两端点的高差，进行倾斜改正，可消除钢尺不水平的影响。

（6）丈量误差。钢尺端点对不准、测钎插不准、读数不准等引起的误差都属于丈量误差。这种误差对丈量结果的影响可正可负且大小不定。在量距时应尽量认真操作，以减小丈量误差。

（7）温度误差。钢尺的长度随温度变化而变化，丈量时的温度与检定钢尺时的温度不一致，或者测定的空气温度与钢尺温度相差较大，都会导致产生温度误差。因此，精度要求较高的丈量应进行温度改正，并尽可能用点温计测定钢尺温度，或者尽可能在阴天时进行丈量，以减小空气温度与钢尺温度的差值。

2. 钢尺量距的注意事项

（1）应使用经过检定的钢尺量距。

（2）前、后尺手动作要配合好，定线要直，尺身要水平，钢尺要拉紧，用力要均匀，待钢尺稳定时再读数或插测钎。

（3）用测钎标志点位，测钎要竖直插下。前、后尺手所量测钎的部位应一致。

（4）读数要细心，如要防止错把 9 读成 6 或将 10 和 4 混淆。

（5）记录应清楚，记好后及时回读，互相校核。

（6）注意钢尺零刻划线位置，以免量错。

（7）钢尺性脆、易折断，要防止打折、扭曲、拖拉，并且严禁车碾、人踏，以免损坏。钢尺易生锈，用毕须擦净、涂油。

任务4.2 视距测量

在线课：视距测量

视距测量是指用经纬仪和水准仪等测量仪器的望远镜十字丝分划板上的视距丝及标尺（水准尺），根据几何光学和三角学原理，同时测定两点间的水平距离和高差。视距测量操作简便、迅速，不受地面起伏的限制，但精度比较低，只可用于地形图碎部测量等精度要求不高的场合。

4.2.1 视距测量原理

1. 视线水平时的水平距离及高差公式

如图4-6所示，欲确定A、B两点间的水平距离D及高差h，可在A点安置水平仪，瞄准B点标尺，使视线水平且标尺垂直，标尺上M、N两点的成像恰好在十字丝分划板上的两根视距丝m、n处，设MN（尺间隔）为l，视距丝间距$mn=p$，物镜焦距为f，物镜至水平仪中心的距离为δ，因$\triangle m'n'F \backsim \triangle MNF$，则有$\dfrac{d}{l}=\dfrac{f}{p}$，而$D=d+f+\delta$，即$D=\dfrac{f}{p}l+f+\delta$。

令$\dfrac{f}{p}=K$，$f+\delta=C$，则有

$$D=Kl+C \tag{4-1}$$

式中，K——视距乘常数，通常$K=100$；

C——视距加常数，C接近0。

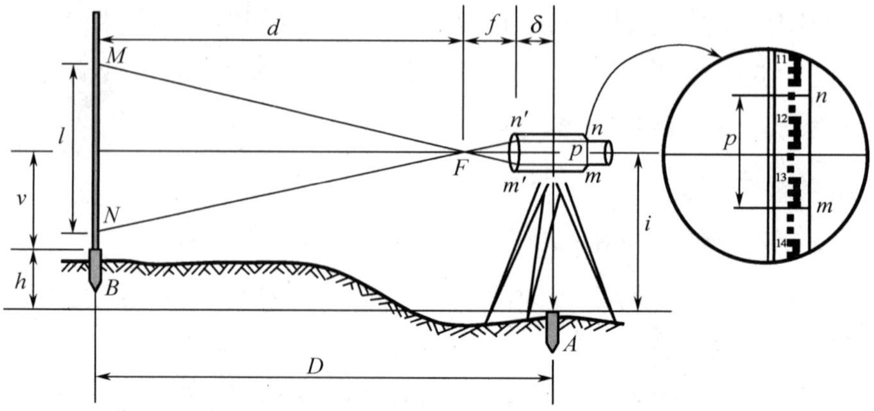

图4-6 视线水平时的视距测量

因此，A、B 两点间的水平距离为

$$D = 100l \tag{4-2}$$

A、B 两点间的高差为

$$h = i - v \tag{4-3}$$

式中，i——仪器高（m）；

v——十字丝中丝在标尺上的读数，即中丝读数（m）。

2. 视线倾斜时的水平距离及高差公式

如图 4-7 所示，当地面起伏较大时，必须用经纬仪使视线倾斜时才能获得尺间隔读数，此时视线与标尺不垂直，可设想将标尺旋转 α 角，此时标尺与视线垂直，尺间隔读数 $M'N' = l' = l\cos\alpha$，倾斜距离为 Kl'。

因此，有

$$D = Kl'\cos\alpha = Kl\cos^2\alpha \tag{4-4}$$

$$h = Kl'\sin\alpha + i - v = \frac{1}{2}Kl\sin 2\alpha + i - v \tag{4-5}$$

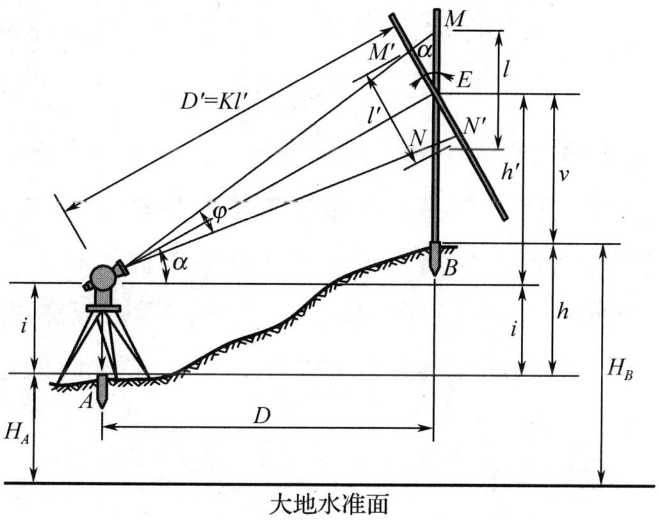

图 4-7 视线倾斜时的视距测量

4.2.2 视距测量的观测与计算

欲测定 A、B 两点间的水平距离和高差，已知 A 点高程，求 B 点高程。视距测量的观测与计算步骤如下。

（1）安置经纬仪于测站点 A 处，并进行对中、整平，量取仪器高 i，置望远镜于盘左位置。

（2）瞄准立于目标点 B 的标尺，得到下、上丝读数（读到毫米），求出视距间隔 l，或者将上丝瞄准某整分米处，由下丝直接读出视距 Kl 的值。

（3）调节竖盘指标水准管中的气泡使其居中，读取标尺上的中丝读数 v（cm）和竖

盘读数 L（′）。

（4）计算。

① 尺间隔 l=下丝读数-上丝读数。

② 视距 $Kl=100l$。

③ 垂直角 $\alpha=90^\circ-L$。

④ 水平距离 $D=Kl\cos^2\alpha$。

⑤ 高差 $h=D\cdot\tan\alpha+i-v$。

⑥ 目标点高程 $H_B=H_A+h$。

4.2.3 视距测量的误差及注意事项

1. 视距测量的误差

视距测量的误差包括三个方面，分别是仪器误差、观测误差和外界条件误差。其中，仪器误差又包括标尺的分划误差和视距乘常数 K 的误差。观测误差主要是指标尺倾斜误差和读数误差等。外界条件误差主要有大气折光、空气对流和风力影响所带来的误差。

2. 视距测量的注意事项

（1）为减小大气折光的影响，观测时应尽可能使视线距地面 1m 以上。

（2）作业时要使标尺垂直，并尽量采用带有水准器的标尺。

（3）严格测定视距乘常数 K，其应在 100±0.1 之内，否则应加以改正。

（4）标尺一般应为厘米刻划的整体尺，如果采用塔尺，则应注意检查各节尺的接头是否准确。

（5）要在成像稳定的情况下进行观测。

任务4.3 光电测距

长距离的钢尺量距是一项繁重的任务，劳动强度大，工作效率低，尤其在山区或沼泽地区，已达无法量距的局面。1947 年，世界上诞生了第一台光电测距仪，之后随着电子技术与计算机技术的飞速发展，光电测距仪器迅速发展，进一步向自动化、小型化、综合化、多功能方向发展。

与钢尺量距相比，光电测距有诸多优点，如精度高、速度快、效益好，尤其对复杂地区的量距工作而言非常方便。

4.3.1 测距原理

微课：光电测距——测距原理

如图4-8所示，欲测定 A、B 两点间的水平距离 D，可在 A 点安置能发射和接收光波的光电测距仪，在 B 点设置反射棱镜，光电测距仪发出的光束经棱镜反射后，又返回到光电测距仪。通过测定光波在 A、B 两点间传播的时间 t，根据光波在大气中的传播速度 c，可计算出水平距离 D，即

$$D=\frac{1}{2}ct \tag{4-6}$$

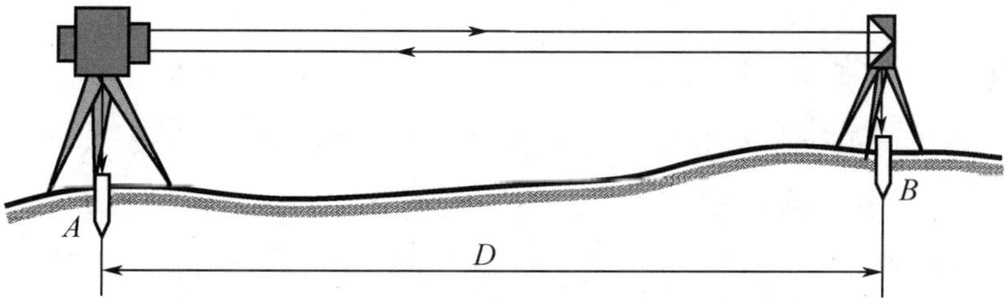

图4-8 光电测距仪的测距原理

光电测距仪根据测定时间 t 的方式可分为直接测定时间的脉冲式光电测距仪和间接测定时间的相位式光电测距仪。高精度的光电测距仪一般为相位式光电测距仪。

相位式光电测距仪的测距原理：由光源发出的光通过调制器后，成为光强随高频信号变化而变化的调制光，通过测量调制光在待测距离上往返传播的相位差 ϕ 来计算距离。

相位式光电测距仪测距相当于用光尺代替钢尺量距，$\lambda/2$ 为光尺长度。

在相位式光电测距仪中，相位计只能测出相位差的尾数 ΔN，而测不出整周期数 N，因此对大于光尺长度的距离无法测定。为了扩大测程，应选用较长的光尺。为了解决扩大测程与保证精度的矛盾，短程相位式光电测距仪上一般采用两个调制频率，即两种光尺。例如，长光尺（称为粗尺）的 f_1=150kHz，$\lambda_1/2$=1000m，用于扩大测程，测定百米、十米和米；短光尺（称为精尺）的 f_2=15MHz，$\lambda_2/2$=10m，用于保证精度，测定米、分米、厘米和毫米。

4.3.2 光电测距仪及其使用

1. 仪器结构

主机通过连接器安置在经纬仪上部，经纬仪可以是普通光学经纬仪，也可以是电子经纬仪。利用光轴调节螺旋，可使主机的发射-接收器光轴与经纬仪视准轴位于同一竖直面内。另外，光电测距仪横轴到经纬仪横轴的高度与觇牌中心到反射棱镜的高度一致，从而使经纬仪瞄准觇牌中心的视线与光电测距仪瞄准反射棱镜中心的视线保持平行。

配合主机测距的反射棱镜，根据到主机的距离远近，可选用单棱镜（距离在1500m内）或三棱镜（距离在2500m内），反射棱镜安置在三脚架上，通过光学对中器和长水准管进行对中、整平。

2. 仪器主要技术指标及功能

短程红外光电测距仪的最大测程为 2500m，测距精度可达$\pm(3\text{mm}+2\times10^{-6}\times D)$（其中 D 为所测距离），最小读数为 1mm；设有自动光强调节装置，在复杂环境下测量时也可人工调节光强；可输入温度、气压和棱镜常数，自动对结果进行改正；可输入垂直角，自动计算出水平距离和高差；可通过距离预置进行定线放样；若输入测站点的坐标和高程，则可自动计算目标点的坐标和高程。测距方法有正常测量和跟踪测量，其中正常测量所需时间为 3s，能显示数次测量的平均值；跟踪测量所需时间为 0.8s，每隔一定时间自动重复测距。

3. 仪器操作与使用

（1）安置仪器。先在测站点上安置好经纬仪，对中、整平后，将光电测距仪主机安装在经纬仪支架上，用连接器固定螺钉锁紧，将电池插入主机底部、扣紧。在目标点安置反射棱镜，对中、整平，并使镜面朝向主机。

（2）观测垂直角、温度和气压。用经纬仪的望远镜十字丝横丝照准觇牌中心，测出垂直角 α。同时，观测和记录温度和气压计上的读数。观测垂直角、温度和气压的目的是对由光电测距仪测量出的倾斜距离进行倾斜改正、温度改正和气压改正，以得到正确的水平距离。

（3）测距准备。按电源开关键“PWR”开机，主机自检并显示原设定的温度、气压和棱镜常数，自检通过后将显示“good”。若想修正原设定值，则可按“TPC”键后输入温度、气压或棱镜常数（一般通过“ENT”键和数字键逐个输入）。一般情况下，只要使用同一类反光棱镜，棱镜常数就不变，而温度、气压每次观测均可能不同，需要重新设定。

（4）距离测量。调节主机照准轴水平调整手轮（或经纬仪水平微动螺旋）和主机俯仰微动螺旋，使光电测距仪的望远镜精确瞄准反射棱镜中心。在显示“good”的状态下，精确瞄准也可根据蜂鸣器的声音来完成，信号越强，声音越大，上、下、左、右微动光电测距仪，使蜂鸣器的声音最大，便完成了精确瞄准，显示“*”。

精确瞄准后，按“MSR”键，主机将测定并显示温度、气压和棱镜常数改正后的倾斜距离。在测量过程中，若有光束受挡或大气抖动等，则测量将暂被中断，此时显示的“*”消失，待光强正常后继续自动测量；若光束中断 30s，则须待光强恢复后按“MSR”键重测。

倾斜距离到水平距离的改算一般在现场用光电测距仪进行，方法是先按“V/H”键后输入垂直角，再按“SHV”键显示水平距离。连续按“SHV”键可依次显示倾斜距离、水平距离和高差。

4.3.3 光电测距的注意事项

（1）气象条件对光电测距影响较大，微风的阴天是光电测距的良好时机。

（2）测线应尽量离开地面障碍物 1.3m 以上，并且应避免通过发热体和较宽水面的上空。

（3）测线应避开强电磁场干扰的地方，如测线不宜接近变压器、高压线等。

（4）反射棱镜的后面不应有反光镜和其他强光源等背景的干扰。

（5）要严防阳光及其他强光直射接收物镜，避免光线经镜头聚焦后进入仪器将部分元件烧坏，在阳光下作业时应撑伞保护仪器。

素养提升

测绘科技的革命提升了测绘对国民经济建设与社会可持续发展的服务保障能力，曾经深居“象牙之塔”的测绘高新科技开始“飞入寻常百姓家”，渗透到国民经济和社会生活的各个领域，测绘工作也由此大步迈向数字化测绘新纪元。

随着信息技术的飞速发展，3S 技术逐步与计算机、网络、通信等高新技术集成，并得到广泛应用，从而使地理信息产品的技术含量和网络化服务能力不断提高。车载导航、个人移动定位、互联网地图等新型高科技产品的生产与服务蓬勃兴起，涌现出一大批具有自主创新能力的地理信息企业，有力地促进了地理信息产业的发展。以 3S 技术为支撑、以空间信息资源为核心的地理信息产业现已成为现代服务业新的经济增长点，并为测绘工作开拓了更加广阔的服务领域和发展空间。

新时代的测绘人应当坚持以习近平新时代中国特色社会主义思想为指导，全面贯彻落实党的二十大精神，全面落实党中央关于数字中国、数字经济等的战略部署，准确把握新时代新征程测绘地理信息工作定位；坚持守正创新，统筹发展和安全，加快推进测绘地理信息事业理念创新、管理创新、技术创新、服务创新，充分发挥测绘地理信息数据要素保障作用，促进地理信息产业健康快速发展；坚持应用导向，丰富数据供给，加强需求和应用牵引，加快推进新型基础测绘体系和实景三维中国建设，夯实公共数据资源基础，引导和培育新的需求与应用生态。

技能实训

1．什么叫直线定线？

2．试述直线定线的两种常见方法。

3．用钢尺丈量两段距离，A 段往测距离为 126.78m，返测距离为 126.73m，B 段往测距离为 357.38m，返测距离为 357.28m，这两段距离丈量的精度是否相同？哪段精度高？

4．影响钢尺量距的主要因素有哪些？如何提高钢尺量距的精度？

5．在用尺长方程式为 $l_t = 30 - 0.0028 + 1.25\times10^{-5}\times30\times(t-20)$ 的钢尺沿平坦地面丈量直线 AB 的长度时，用了 4 个整尺段和 1 个不足整尺段的余长，余长为 8.362m，丈量时的温度为 16.5℃，求 AB 的实际长度。

6．试述视距测量的基本原理。

7．试述光电测距的基本原理。

项目 5

小地区控制测量

知识目标

了解三个标准方向和坐标方位角的定义；了解测量学中的象限和象限角的概念；了解控制测量中的平面控制测量和高程控制测量；了解导线布设的基本形式；初步了解全站仪的基本测量功能；了解 GNSS 的特点；初步掌握 GPS 定位原理；掌握 GPS 静态测量方法；掌握 GPS-RTK 动态测量方法。

能力目标

能够进行坐标方位角的计算；掌握象限角和坐标方位角的换算关系；能够进行坐标正算和坐标反算；能够进行导线的布设、施测、成果整理及计算；能够进行 GPS 静态测量；能够进行 GPS-RTK 动态测量。

项目导入

控制测量是本书中十分重要的一部分。本项目引入了标准方向和坐标方位角的概念，并介绍了直线定向和坐标计算，为导线测量工作打下了基础。导线测量的综合性很强，导线的内业计算是重点也是难点。除此之外，本项目还简要介绍了先进测量仪器全站仪和 GNSS。

任务 5.1 直线定向和坐标计算

在测量工作中常常要确定地面上两点间的平面位置关系，要确定这种关系除了要测量两点间的水平距离，还要确定这两点所连直线的方向。在测量时，直线的方向是根据某一标准方向（也称基本方向）来确定的，确定一条直线与标准方向间的关系称为直线定向。直线的方向通常用直线与标准方向间的水平角来表示。如图 5-1 所示，直线 12 的方向表示为标准方向顺时针旋转至直线 12 的水平角 α_{12}。

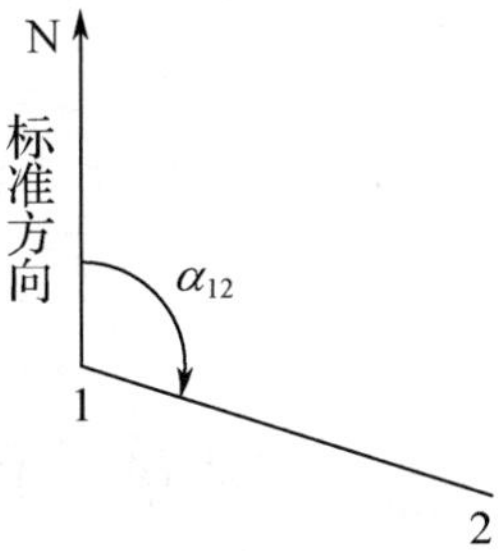

图 5-1　直线定向

5.1.1　标准方向与坐标方位角

测量时用于直线定向的标准方向有三种：真子午线方向、磁子午线方向和坐标纵轴方向。

在线课：标准方向与坐标方位角

1. 真子午线方向（真北方向）

过地球南北极的平面与地球表面的交线称为真子午线。过地面点的真子午线切线方向，指向北方的一端，称为该点的真北方向。真北方向可通过天文观测、陀螺经纬仪测量来测定。

2. 磁子午线方向（磁北方向）

地球表面某点上的磁针在地球磁场的作用下自由静止时，其轴线所指的方向为磁子午线方向。磁针北端所指的方向为磁北方向。磁北方向可用罗盘测定。

3. 坐标纵轴方向（轴北方向）

在测量工作中通常采用高斯平面直角坐标或独立平面直角坐标确定地面点位，因此取坐标纵轴方向为直线定向的标准方向。高斯平面直角坐标系中每个投影带中央子午线的投影为坐标纵轴方向，即 x 轴方向，平行于高斯平面直角坐标系 x 轴的方向线称为坐标纵轴平行线。

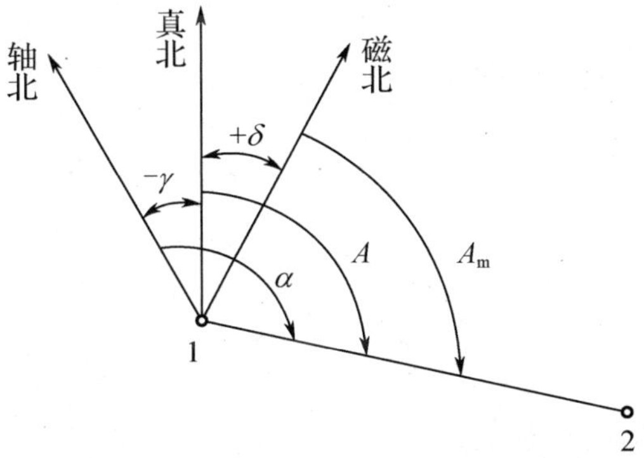

图 5-2　三北方向之间的关系

三北方向之间的关系如图 5-2 所示。

过 1 点的真北方向与磁北方向之间的夹角称为磁偏角，用 δ 表示。

过 1 点的真北方向与轴北方向之间的夹角称为子午线收敛角，用 γ 表示。

δ 和 γ 的符号规定如下。

当磁北方向或轴北方向在真北方向东侧时，δ 和 γ 的符号为“+”；当磁北方向或轴北方向在真北方向西侧时，δ 和 γ 的符号为“−”。

从标准方向的北端起顺时针量至某一直线方向的水平角，称为该直线的方位角，其取值范围为 0°～360°。若标准方向为真北方向，则该方位角称为真方位角；若标准方向为磁北方向，则该方位角称为磁方位角；若标准方向为轴北方向，则该方位角称为坐标方位角。如图 5-2 所示，α 为直线 12 的坐标方位角，A 为直线 12 的真方位角，A_m 为直线 12 的磁方位角。由图 5-2 可知，同一条直线的三种方位角之间的关系为

$$A = A_m + \delta$$

$$A = \alpha - \gamma$$

$$\alpha = A_m + \delta + \gamma$$

5.1.2 坐标方位角的计算

在线课：坐标方位角的计算

1. 正、反坐标方位角

坐标方位角有正、反之分。如图 5-3 所示，对直线 12 而言，过始点 1 的坐标纵轴平行线指北端顺时针至直线 12 的夹角 α_{12} 是直线 12 的正坐标方位角，而过端点 2 的坐标纵轴平行线指北端顺时针至直线 12 的夹角 α_{21} 则是直线 12 的反坐标方位角，同一条直线的正、反坐标方位角相差 180°，即

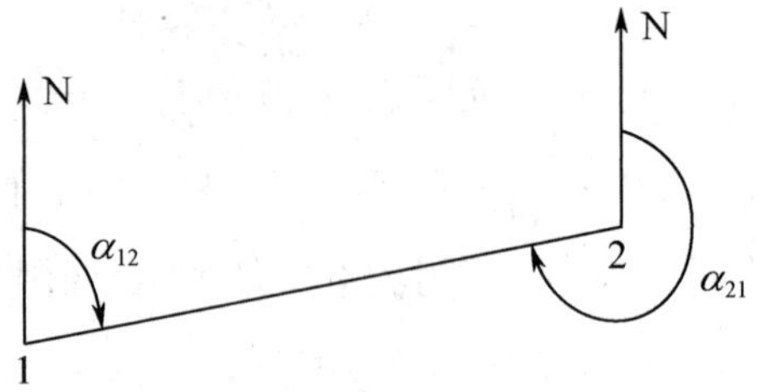

图 5-3 同一条直线的正、反坐标方位角

$$\alpha_{12} = \alpha_{21} \pm 180^\circ \tag{5-1}$$

在式（5-1）等号右端，若 $\alpha_{21}<180^\circ$，则180°前面用“+”号；若 $\alpha_{21} \geqslant 180^\circ$，则180°前面用“-”号。

2. 坐标方位角的推算

在测量工作中一般并不直接测定每条边的方向，而是通过与已知方向进行连接测量，推算出各边的坐标方位角。

设地面上有相邻的 A、B、C 三点，连成折线（见图 5-4），已知 AB 边的方位角 α_{AB}，又测定了 AB 和 BC 之间的水平角 β，求 BC 边的方位角 α_{BC}，这种情况就要进行相邻边坐标方位角的推算。

水平角 β 有左、右之分，前进方向左侧的水平角为 $\beta_{左}$，前进方向右侧的水平角 $\beta_{右}$。

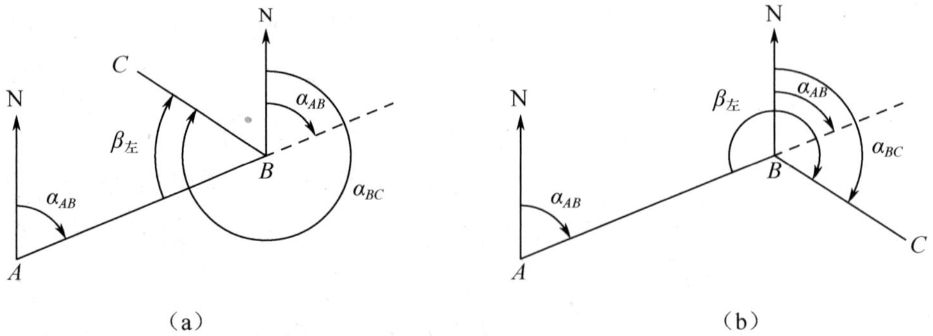

图 5-4 相邻边坐标方位角的推算

设三点相关位置如图 5-4（a）所示，则应有

$$\alpha_{BC} = \alpha_{AB} + \beta_{左} + 180^\circ \tag{5-2}$$

设三点相关位置如图 5-4（b）所示，则应有

$$\alpha_{BC}=\alpha_{AB}+\beta_{左}+180°-360°=\alpha_{AB}+\beta_{左}-180° \tag{5-3}$$

若按折线前进方向将 AB 视为后边，将 BC 视为前边，则综合式（5-2）和式（5-3）即可得到相邻边坐标方位角推算的通式，即

$$\alpha_{前}=\alpha_{后}+\beta_{左}\pm 180° \tag{5-4}$$

显然，如果测定的是 AB 和 BC 之间前进方向右侧的水平角 $\beta_{右}$，则因为有 $\beta_{左}=360°-\beta_{右}$，所以将其代入式（5-4）可得

$$\alpha_{前}=\alpha_{后}-\beta_{右}\pm 180° \tag{5-5}$$

在式（5-4）和式（5-5）等号右端，若前两项计算结果<180°，则180°前面用“+”号，否则180°前面用“−”号。

【例题 5-1】如图 5-5 所示，某导线 12 边方位角为 45°，在导线上 2 点测得其左水平角为 250°，求 α_{32}。

解:（1）求 23 边的方位角。

根据公式 $\alpha_{前}=\alpha_{后}+\beta_{左}\pm 180°$，因为 $\alpha_{12}+\beta_{左}=45°+250°>180°$，故180°前面用“−”号，有

$$\alpha_{23}=\alpha_{12}+\beta_{左}-180°=45°+250°-180°=115°$$

（2）求 α_{23} 的反坐标方位角。

根据公式 $\alpha_{AB}=\alpha_{BA}\pm 180°$，因为 $\alpha_{23}<180°$，故180°前面用“+”号，有

$$\alpha_{32}=\alpha_{23}+180°=115°+180°=295°$$

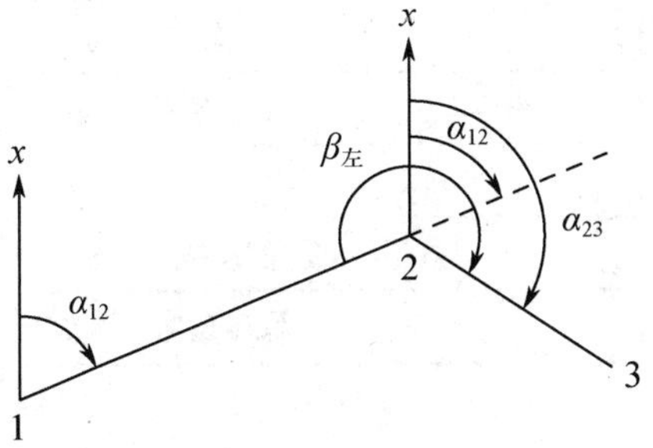

图 5-5 例题 5-1 图

在线课：象限角与坐标方位角的关系

5.1.3 象限角与坐标方位角的关系

由标准方向线的北端或南端，顺时针或逆时针量到某条直线的水平夹角，称为象限角，用 R 表示，其取值范围为 0°～90°。象限角不但要表示角度的大小，而且要注记该直线位于第几象限。象限角分别用北东（NE）、南东（SE）、南西（SW）和北西（NW）表示。

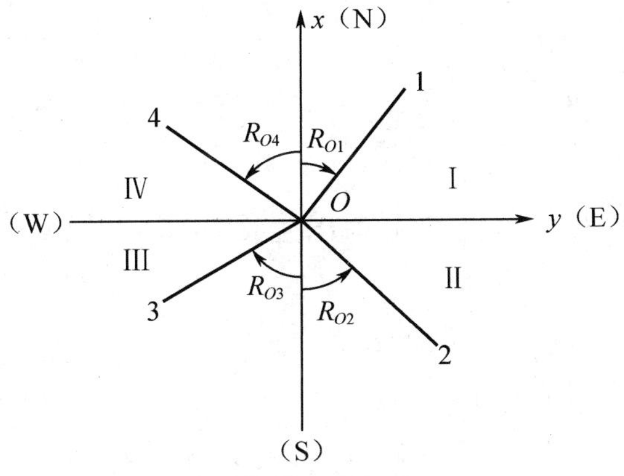

图 5-6 象限角

象限角一般只在坐标计算时使用，这时所说的象限角是指坐标象限角。

象限角如图 5-6 所示。象限角与坐标方位角的关系如图 5-7 所示。

由图 5-7 可知，在第Ⅰ象限中，$R=\alpha$；在第Ⅱ象限中，$R=180°-\alpha$；在第Ⅲ象限中，$R=\alpha-180°$；在第Ⅳ象限中，$R=360°-\alpha$。

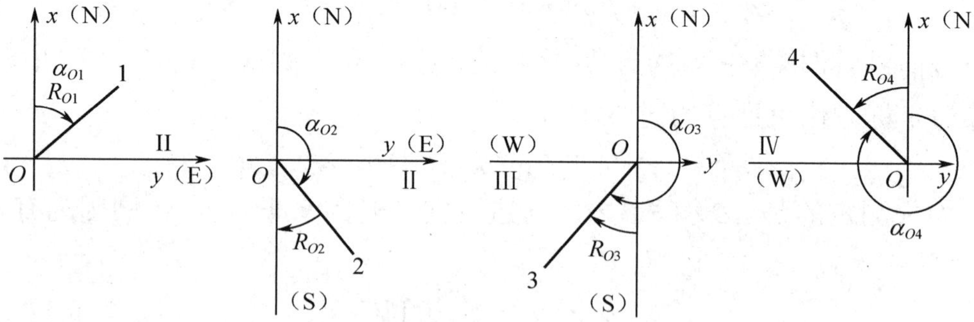

图 5-7　象限角与坐标方位角的关系

象限角与坐标方位角的关系表如表 5-1 所示。

表 5-1　象限角与坐标方位角的关系表

象　　限	象限角 R 与坐标方位角 α 的换算公式
第 I 象限（NE）	$\alpha = R$
第 II 象限（SE）	$\alpha = 180^\circ - R$
第III象限（SW）	$\alpha = 180^\circ + R$
第IV象限（NW）	$\alpha = 360^\circ - R$

5.1.4　坐标计算

在线课：坐标正算

1. 坐标正算

根据已知点坐标、已知边长和该边坐标方位角推算未知点坐标，称为坐标正算。直线两端点的坐标之差，称为坐标增量。

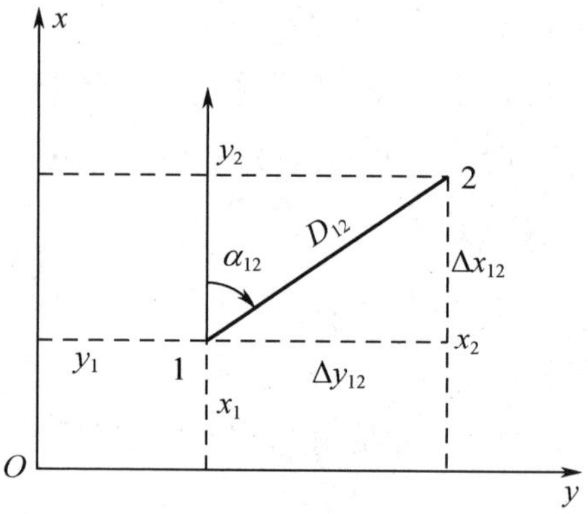

图 5-8　坐标计算

如图 5-8 所示，设直线 12 的边长 D_{12} 和一个端点 1 的坐标 x_1、y_1 已知，则直线另一个端点 2 的坐标为

$$x_2=x_1+\Delta x_{12}$$
$$y_2=y_1+\Delta y_{12} \tag{5-6}$$

式中，Δx_{12}、Δy_{12}——坐标增量，也就是直线两端点 1、2 的坐标之差。

在图 5-8 中，根据三角函数可写出坐标增量的计算公式，即

$$\Delta x_{12}=D_{12}\cdot\cos\alpha_{12}$$
$$\Delta y_{12}=D_{12}\cdot\sin\alpha_{12} \tag{5-7}$$

Δx_{12}、Δy_{12} 均有正、负之分，其符号取决于直线 12 的坐标方位角所在的象限，如表 5-2 所示。

表 5-2 不同象限坐标增量的符号

坐标方位角 α_{12} 及其所在象限	Δx_{12} 的符号	Δy_{12} 的符号
0°～90° （第 I 象限）	+	+
90°～180° （第 II 象限）	−	+
180°～270° （第III象限）	−	−
270°～360° （第IV象限）	+	−

2. 坐标反算

根据 1、2 两点的坐标(x_1, y_1)和(x_2, y_2)，推算直线 12 的水平距离 D_{12} 与坐标方位角α_{12}，称为坐标反算。其计算公式为

在线课：坐标反算

$$\alpha_{12} = \arctan\frac{y_2 - y_1}{x_2 - x_1} = \arctan\frac{\Delta y_{12}}{\Delta x_{12}} \tag{5-8}$$

$$D_{12} = \sqrt{(x_2 - x_1)^2 + (y_2 - y_1)^2} = \sqrt{\Delta x_{12}^2 + \Delta y_{12}^2} \tag{5-9}$$

当用计算器按式（5-8）计算坐标方位角时，显示的结果是象限角 R，即

$$R_{12} = \arctan\left|\frac{\Delta y_{12}}{\Delta x_{12}}\right|$$

由于象限角 R 的取值范围为 0°～90°，而坐标方位角α 的取值范围为 0°～360°，因此应先根据坐标增量的正、负来判断此直线位于哪个象限，再将象限角换算为坐标方位角。坐标方位角的判别方法如表 5-3 所示。

表 5-3 坐标方位角的判别方法

象 限	方 向	坐标增量的正负	坐标方位角区间	象限角 R 与坐标方位角 α 的换算公式
第 I 象限	北东	Δx为正，Δy为正	0°～90°	$\alpha = R$
第 II 象限	南东	Δx为负，Δy为正	90°～180°	$\alpha = 180^\circ - R$
第III象限	南西	Δx为负，Δy为负	180°～270°	$\alpha = 180^\circ + R$
第IV象限	北西	Δx为正，Δy为负	270°～360°	$\alpha = 360^\circ - R$

【例题 5-2】已知 A、B 两点的坐标分别为 A(500.00, 850.87)和 B(325.14, 983.65)，试计算 AB 边长及 AB 边的坐标方位角。

解：

$$D_{AB} = \sqrt{(325.14 - 500.00)^2 + (983.65 - 850.87)^2} \approx 219.56\text{m}$$

$$\alpha_{AB} = \arctan\frac{983.65 - 850.87}{325.14 - 500.00} \approx \arctan(-0.76) \approx -37^\circ14'05''$$

由于Δx_{AB}<0，Δy_{AB}>0，所以α_{AB}应为第 II 象限的角，根据坐标方位角的判别方法，AB 边的坐标方位角为

$$\alpha_{AB} = -37^\circ14'05'' + 180^\circ = 142^\circ45'55''$$

任务5.2 导线测量

在线课：控制测量概述

5.2.1 控制测量概述

根据测量工作的基本原则，测绘地形图和工程放样都必须先在整体范围内进行控制测量，然后在控制测量的基础上进行碎部测量或施工放样。因此，控制测量的目的就是为地形图测绘及各种工程测量提供控制基础和起算基准，其实质是测定具有较高精度的平面坐标和高程的点位，这些点称为控制点。控制测量提供控制点的精确位置，并以控制点的位置来确定碎部点的位置。测定地物、地貌特征点位的工作称为碎部测量。

控制测量分为平面控制测量和高程控制测量。平面控制测量的任务是在某地区或全国范围内布设平面控制网，精密测定控制点的平面位置。高程控制测量的任务是在某地区或全国范围内布设高程控制网，精密测定控制点的高程。

直接用于测绘地形图的控制点称为图根控制点，简称图根点。对图根点进行的平面控制测量和高程控制测量称为图根控制测量，其任务是通过测量和计算，得到各点的平面坐标和高程，并将这些点精确地展绘在有坐标方格网的图纸上，作为测图控制依据。

导线测量是进行平面控制测量的主要方法之一，适用于平坦地区、城镇建筑密集区及隐蔽地区。随着光电测距仪及全站仪的普及，导线测量的应用日益广泛。导线就是在地面上按一定要求选择一系列控制点，将相邻控制点用直线连接起来构成的折线。折线的顶点称为导线点，相邻控制点间的连线称为导线边。导线分为精密导线和普通导线，前者用于国家或城市平面控制测量，后者多用于小区域和图根平面控制测量。

1. 平面控制测量

国家平面控制网建立的主要方法有三角测量、精密导线测量及 GPS 定位测量。

将相邻控制点连接成三角形，组成网状，称为平面三角控制网，三角形的顶点称为三角点，如图 5-9（a）所示。在平面三角控制网中，先量出一条边的长度，测出各三角形的内角，然后利用正弦定理逐一推算出各三角形的边长，再根据起始点的坐标和起始边的坐标方位角及各边的边长推算出各控制点的平面坐标，这种测量方法称为三角测量。

精密导线是由一系列相邻控制点连成的折线，如图 5-9（b）所示。先采用精密仪器测角并用测距仪测距，然后根据已知坐标和坐标方位角精确地计算出各控制点的平面坐标，这种测量方法称为精密导线测量。精密导线已成为国家高级平面控制网的布设形式之一，因为精密导线测量比三角测量方便、迅速、灵活。

GPS 是全球定位系统的简称。GPS 定位测量具有高精度、全天候、高效率、多功能、操作简便的特点，可同时精确测定点的三维坐标，与常规控制测量（三角测量、三边测量、导线测量）相比有许多优点。目前，经典的平面控制测量正逐渐被 GPS 定位测量取代。

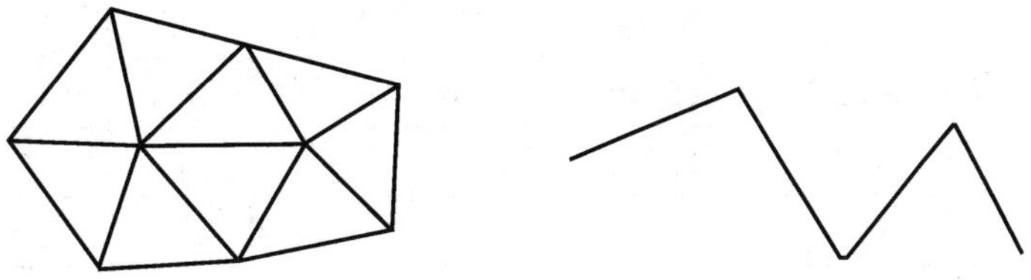

（a）　　（b）

图 5-9　平面三角控制网和精密导线

国家平面控制网根据精度不同，可分为一等、二等、三等、四等三角控制网。一等三角控制网为条带形的锁状，称为一等三角锁，沿着经纬线方向纵横交叉地布满全国，形成统一的骨干控制网。在一等三角锁环内逐级布测二等、三等、四等三角控制网。一等三角控制网的精度最高，除用于低等级的平面控制以外，还为研究地球形状和大小及人造卫星的发射等科研问题提供资料。二等三角控制网是三等、四等三角测量的基础。三等、四等三角控制网是测图时加密控制点和其他工程测量的基础。国家平面控制网如图 5-10 所示。各点处均埋设水准标石，竖立觇标。这些控制点将长期保存，作为全国一切测量工作的基本依据。

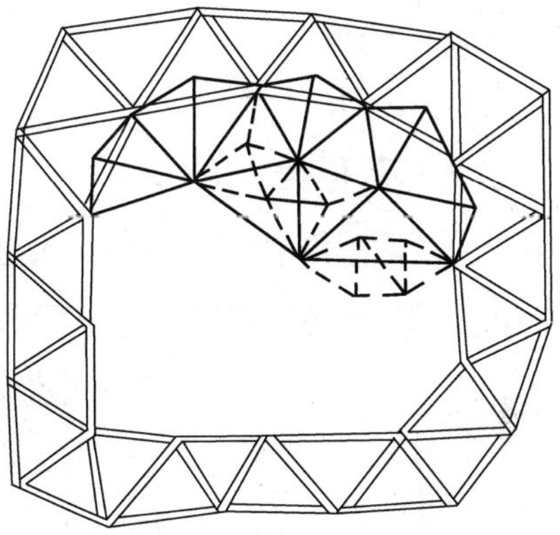

图 5-10　国家平面控制网

城市平面控制网是在国家平面控制网的基础上建立起来的，目的在于为城市规划、市政建设、工业与民用建筑设计和施工放样提供服务。城市平面控制网建立的方法与国家平面控制网相同，只是控制网的精度有所不同。为了达到不同目的及满足不同要求，城市平面控制网也要分级建立。

国家平面控制网和城市平面控制网均由专门的测绘单位承担测量工作。控制点的平面坐标和高程由测绘部门统一管理，为社会各部门服务。

城市三角测量和城市导线测量的主要技术标准如表 5-4、表 5-5 所示。

表 5-4　城市三角测量的主要技术标准

等　级	平均边长/km	测角中误差/″	最弱边相对中误差	测回数			三角形最大闭合差
				DJ_1	DJ_2	DJ_6	
二等	9	±1.0	≤1/120 000	12			±3.5
三等	5	±1.8	≤1/80 000	6	9		±7.0
四等	2	±2.5	≤1/45 000	4	6		±9.0
一级小三角	1	±5.0	≤1/20 000		2	6	±15.0
二级小三角	0.5	±10.0	≤1/10 000		1	2	±30.0

表 5-5 城市导线测量的主要技术标准

等级	导线长度/km	平均边长/km	测角中误差/″	测距中误差/mm	测回数			角度闭合差/″	导线全长相对闭合差
					DJ_1	DJ_2	DJ_6		
三等	14	3	±1.8	±20	8	12		$\pm3.6\sqrt{n}$	≤1/60 000
四等	9	1.5	±2.5	±18	4	6		$\pm5\sqrt{n}$	≤1/40 000
一级	4	0.5	±5	±15		2	4	$\pm10\sqrt{n}$	≤1/14 000
二级	2.4	0.25	±8	±15		1	3	$\pm16\sqrt{n}$	≤1/10 000
三级	1.2	0.1	±12	±15		1	2	$\pm24\sqrt{n}$	≤1/6000
图根			±30					$\pm60\sqrt{n}$	≤1/2000

注：n 为测站个数。

2. 高程控制测量

国家高程控制网是用水准测量方法建立的，所以又称为国家水准网。国家水准网按控制次序和施测精度分为一等、二等、三等、四等水准网，其中一等、二等水准网构成全国水准网的骨干，三等、四等水准网直接为测图和工程提供高程控制点，如图 5-11 所示。

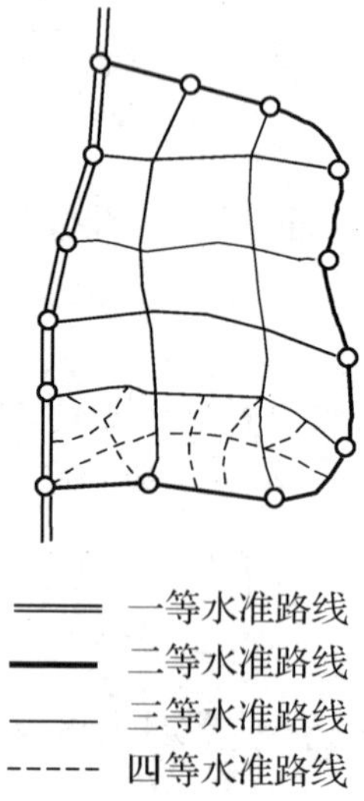

图 5-11 国家水准网

一等水准网：沿地质构造稳定、交通不太繁忙、地势平缓的交通路线布设构成网状，环线长度为 1000～2000km，具体视地形条件而定。

二等水准网：是国家高程控制的全面基础，在一等水准网内沿主要公路、铁路及河流布设，环线长度为 500～750km。

三等、四等水准网：在高等水准网内进一步加密。三等水准网布设成附合路线，并尽量交叉，环线长度不超过 300km，单独的附合路线长度不超过 200km。四等水准网一般以附合路线形式布设在高等水准点之间，附合路线长度不超过 80km。

为了城市建设的需要所建立的高程控制网称为城市水准网，采用的方法包括二等、三等、四等水准测量，以及直接测图用的五等水准测量（也称为图根水准测量），其主要技术标准如表 5-6 所示。

表 5-6 城市与图根水准测量的主要技术标准

等级	每千米高差中数中误差/mm		往返较差、附合路线或环线闭合差/mm		附合路线或环线闭合差/mm
	偶然中误差	全中误差	平原微丘区	山岭重丘区	
二等	±1	±2	$\pm4\sqrt{L}$		$\pm6\sqrt{L_i}$
三等	±3	±6	$\pm12\sqrt{L}$	$\pm35\sqrt{n}$ 或 $\pm15\sqrt{L}$	$\pm20\sqrt{L_i}$
四等	±5	±10	$\pm20\sqrt{L}$	$\pm60\sqrt{n}$ 或 $\pm25\sqrt{L}$	$\pm30\sqrt{L_i}$
图根	±8	±16	$\pm30\sqrt{L}$		$\pm40\sqrt{L_i}$

注：L 为附合路线或环线长度，L_i 为测段长度，均以千米计。

3. 导线布设形式

导线测量要求导线布设灵活、通视方向少，导线边长可直接测定。导线适宜布设在视野不开阔的地区，如城市、厂区、矿山、森林等，也适宜布设在狭长地带，如铁路、隧道、渠道等。随着全站仪的普及，导线测量方法广泛用于控制网的建立，特别是图根导线的建立。

根据测区的地形及已知高级控制点的情况，导线可布设成以下几种形式。

（1）附合导线。

起始于一个高级控制点，最后附合到另一个高级控制点的导线称为附合导线，如图 5-12 所示。

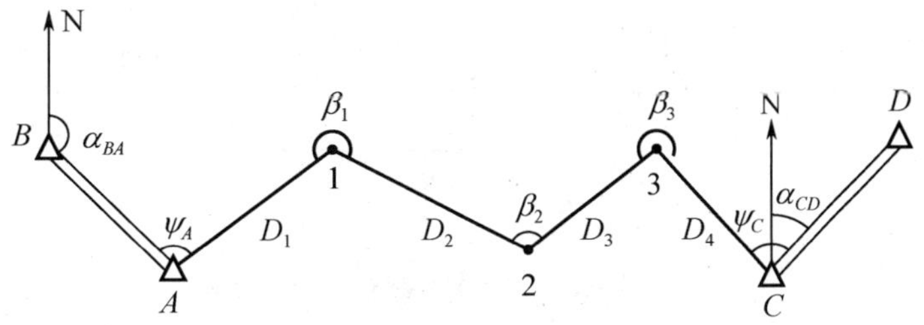

图 5-12　附合导线

附合导线附合在两个已知点和两个已知方向上，具有图形检核条件，图形强度好，是小区域控制测量的首选导线布设形式。其缺点是横向误差较大，导线中点误差较大。

（2）闭合导线。

起、止于同一个已知高级控制点，中间经过一系列的导线点，形成一个闭合多边形，这种导线称为闭合导线，如图 5-13 所示。闭合导线也具有图形检核条件，是小区域控制测量的常用导线布设形式。由于它起、止于同一点，产生图形整体偏转不易发现，因此其图形强度不及附合导线。另外，这种导线布设形式可能产生边长系统误差，使整个闭合环放大或缩小，而且无法消除此项误差。

（3）支导线。

从一个已知控制点开始，既不附合到另一个已知点，又不回到原来起始点的导线称为支导线，如图 5-14 所示。

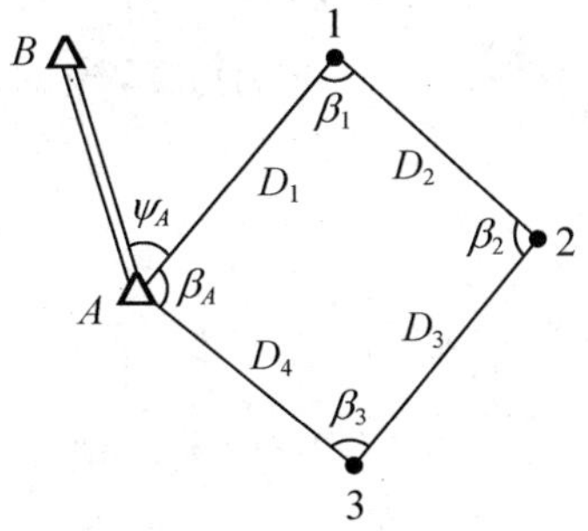

图 5-13　闭合导线

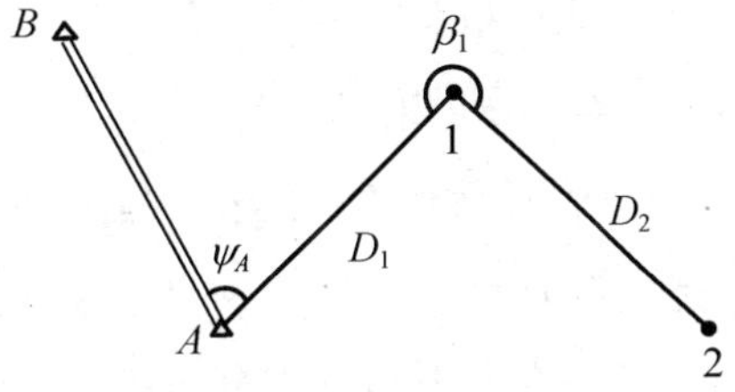

图 5-14　支导线

支导线不具有图形检核条件，发生错误不易发现，一般只能用在无法布设附合导线或闭合导线的少数特殊情况下，并且要对导线边长和边数进行限制。

不同导线测量的主要技术标准如表 5-7、表 5-8 所示。

表 5-7　经纬仪导线测量的主要技术标准

等级	测图比例尺	附合导线长度/m	平均边长/m	往返丈量差相对误差	测角中误差/″	导线全长相对闭合差	测回数		角度闭合差/″
							DJ_2	DJ_6	
一级		2500	250	≤1/20 000	≤±5	≤1/10 000	2	4	$\leqslant \pm 10\sqrt{n}$
二级		1800	180	≤1/15 000	≤±8	≤1/7000	1	3	$\leqslant \pm 16\sqrt{n}$
三级		1200	120	≤1/10 000	≤±12	≤1/5000	1	2	$\leqslant \pm 24\sqrt{n}$
图根	1∶500	500	75						
	1∶1000	1000	110			≤1/2000		1	$\leqslant \pm 60\sqrt{n}$
	1∶2000	2000	180						

注：n 为测站个数。

表 5-8　光电测距导线测量的主要技术标准

等级	测图比例尺	附合导线长度/m	平均边长/m	测距中误差/mm	测角中误差/″	导线全长相对闭合差	测回数		角度闭合差/″
							DJ_2	DJ_6	
一级		3600	300	≤±15	≤±5	≤1/14 000	2	4	$\leqslant \pm 10\sqrt{n}$
二级		2400	200	≤±15	≤±8	≤1/10 000	1	3	$\leqslant \pm 16\sqrt{n}$
三级		1500	120	≤±15	≤±12	≤1/6000	1	2	$\leqslant \pm 24\sqrt{n}$
图根	1∶500	900	80						
	1∶1000	1800	150			≤1/4000		1	$\leqslant \pm 40\sqrt{n}$
	1∶2000	3000	250						

注：n 为测站个数。

5.2.2　导线的外业工作

1. 踏勘选点

在选点前，应先收集测区已有地形图和已有高级控制点的成果资料，将控制点展绘在原有地形图上，然后在地形图上拟定导线布设方案，最后到野外踏勘，核对、修改、落实导线点的位置，并建立标志。

在选点时应注意下列事项。

（1）相邻点间应相互通视良好，地势平坦，便于测角和量距。

（2）导线点应选在土质坚实、便于安置仪器和保存标志的地方。

（3）导线点应选在视野开阔的地方，以便于进行碎部测量。

（4）导线边长应大致相等，其平均边长应符合表 5-7 中的要求。

（5）导线点应有足够的密度，并应分布均匀，以便于控制整个测区。

2. 建立标志

（1）临时性标志。导线点的位置选定后，要在每个点位上打下一个木桩，如图 5-15 所示，在桩顶钉一个小钉，作为点的标志。也可在水泥地面上用红漆画一个圆，在圆内点一个小点，作为临时性标志。

（2）永久性标志。需要长期保存的导线点处应埋设混凝土桩，如图 5-16 所示。桩顶嵌入带“十”字形的金属标志，作为永久性标志。

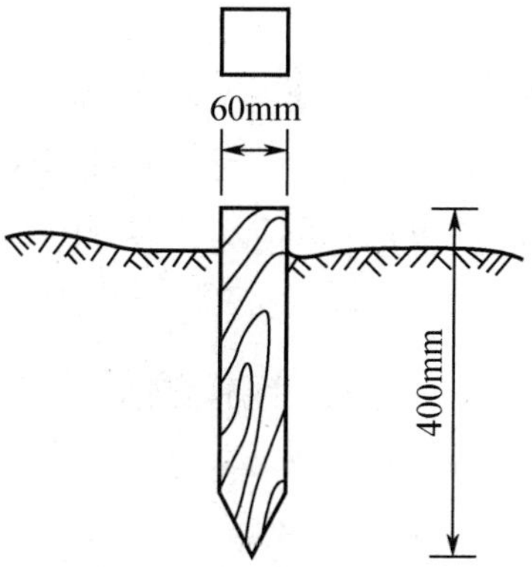

图 5-15 临时性标志

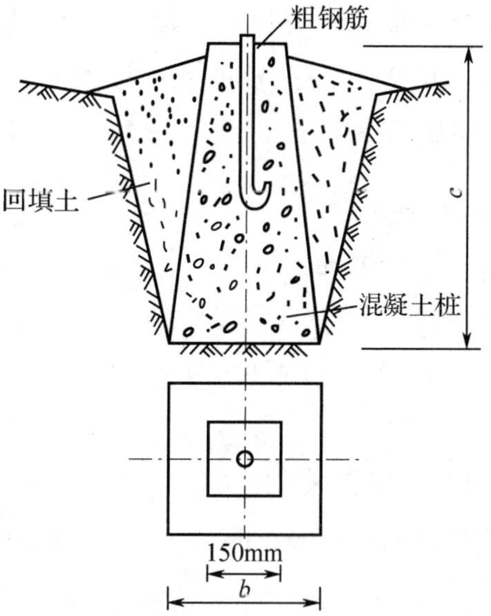

图 5-16 永久性标志

导线点应统一编号。为了便于寻找，应量出导线点与附近明显地物的距离，绘出草图，注明尺寸，该图称为点之记，如图 5-17 所示。

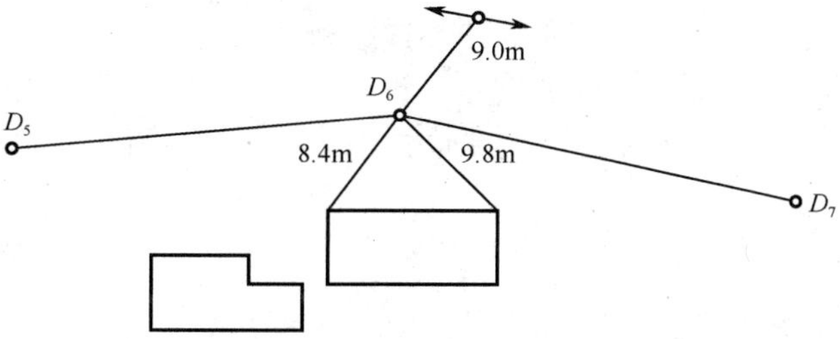

图 5-17 点之记

3. 测角

测角是指测量导线的转折角。转折角按导线点序号前进方向分为左角和右角。对附合导线和支导线，测量左角或右角均可，但全线必须统一；对闭合导线，应测量闭合多边形的内角。

测角的有关技术标准可参考表 5-7。导线测量一般用 DJ_6 级光学经纬仪测一测回。当上、下半测回角度之差不大于 40″时，即可取其平均值作为最后结果。

当测站上只有 2 个观测方向，即测单角时，使用测回法；当测站上有 3 个观测方向时，使用全圆观测法，可以不归零；当测站上的观测方向超过 3 个时，使用全圆观测法，一定要归零。

4. 量边

导线边长可用钢尺直接丈量，或者用光电测距仪直接测定。

在用钢尺丈量时，导线边长一般要求用检定过的钢尺进行往返丈量，往返丈量差相对误差应满足表 5-7 中的要求。对于图根导线测量，通常也可以沿同一方向丈量两次。当尺长改正数小于尺长的万分之一，测量时的温度与钢尺检定时的温度差小于±10℃，边的倾斜小于 1.5%时，可以不加三项改正，以其相对中误差不大于 1/3000 为限差，直接取平均值即可。当然，如果有条件，可用光电测距仪测量边长，这样既能保证精度，又省时、省力。

5. 连接测量

将导线与高级控制点进行连接，以取得坐标和坐标方位角的起算数据，称为连接测量。连接测量的目的在于把已知点的坐标系传递到导线上，使导线点的坐标与已知点的坐标形成统一系统。由于导线与已知点和已知方向连接的形式不同，因此连接测量的内容也不同。

如图 5-18 所示，A、B 为已知点，1～5 为新布设的导线点，连接测量就是观测连接角 β_B、β_1 和连接边 D_{B1}。

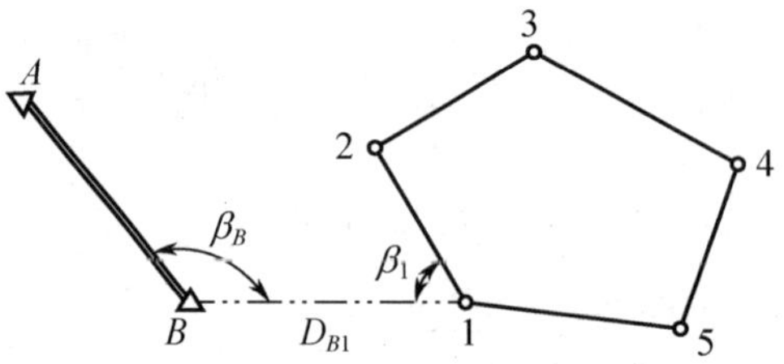

图 5-18 连接测量

如果附近无高级控制点，则应用罗盘测定导线起始边的磁方位角，并假定起始点的坐标作为起算数据。

5.2.3 导线的内业计算

导线测量的内业工作就是内业计算，又称导线平差计算，即用科学的方法处理测量数据，合理地分配测量误差，最后求出各导线点的坐标。

为了保证计算的正确性和满足一定的精度要求，计算之前应注意两点：一是对外业测量结果进行复查，确认没有问题后方可在专用计算表格上进行计算；二是对各项测量数据和计算数据取到足够位数，小区域和图根控制测量的所有角度观测值及其改正数取到整秒，距离、坐标增量及其改正数和坐标均取到厘米。取舍原则为“四舍六入，五前单进双舍”，即保留位后的数大于五就进，小于五就舍，等于五时则看保留位上的数，是单数就进，是双数就舍。

1. 闭合导线计算

图 5-19 所示为实测图根闭合导线，其中各项数据是从外业观测手簿中获得的。已知 *A*2 边的坐标方位角为 97° 58′08″，下面结合本例说明闭合导线的计算步骤。

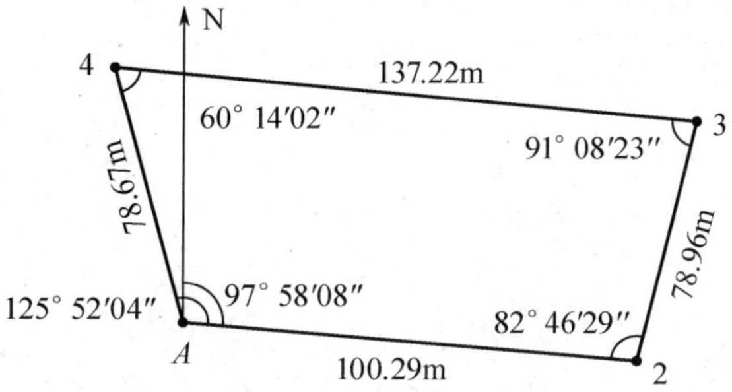

图 5-19 实测图根闭合导线

（1）在表中填入已知数据和观测数据。

将已知边 *A*2 的坐标方位角填入表 5-9 第 5 列，已知点 *A* 的坐标填入表 5-9 第 11、12 列，并在已知数据下边用红线或双线示明；将角度和边长观测值分别填入表 5-9 第 2、6 列。

表 5-9 闭合导线计算表

点号	观测左角	改正数	改正后的角度	坐标方位角	距离/m	坐标增量		改正后的坐标增量		坐标	
						Δ*x*/m	Δ*y*/m	Δ*x*′/m	Δ*y*′/m	*x*/m	*y*/m
A										5032.70	4537.66
				97°58′08″	100.29	−13.9	99.32	−13.9	99.32		
2	82°46′29″	−14″	82°46′15″							5018.80	4637.98
				0°44′23″	78.96	78.95	1.02	78.95	1.02		
3	91°08′23″	−15″	91°08′08″							5097.75	4638.00
				271°52′31″	137.22	−14.49	−137.15	4.48	−137.15		
4	60°14′02″	−14″	60°13′48″							5102.23	4500.85
				152°06′19″	78.67	−69.53	36.81	−69.53	36.81		
A	125°52′04″	−15″	125°51′49″							5032.70	4537.66
				97°58′08″							
2											
∑	360°00′58″	−58″	360°00′00″		395.14	f_x=0.01	f_y=0.00	0	0		
辅助计算	$\sum\beta_{测}=360°00'58''$　$f_D=\sqrt{f_x^2+f_y^2}=0.01\text{m}$ $\sum\beta_{理}=360°00'00''$　$K=\frac{f_D}{\sum D}=\frac{0.01}{395.14}=\frac{1}{39514}<\frac{1}{2000}$ $f_\beta=+58''$ $f_{\beta容}=\pm60''\sqrt{n}=\pm120''$ $\lvert f_\beta\rvert\leq\lvert f_{\beta容}\rvert$										

（2）角度闭合差的计算与调整。

对于任意多边形，其内角和理论值的通项式可表示为

$$\sum \beta_{理} = (n-2)\times 180^\circ$$

由于本例中闭合导线为四边形，所以其内角和的理论值为(4−2)×180°=360°。如果用$\sum \beta_{测}$表示四边形内角实测值之和，则由于存在测量误差，因此$\sum \beta_{测}$不等于$\sum \beta_{理}$，二者之差称为闭合导线的角度闭合差，通常用f_β表示，即

$$f_\beta = \sum \beta_{测} - \sum \beta_{理} = \sum \beta_{测} - (n-2)\times 180^\circ \qquad (5\text{-}10)$$

根据误差理论，在一般情况下，闭合差不会超过一定的界限，称为容许闭合差或闭合差限差。如果用$f_{\beta容}$表示这个界限，那么当$f_\beta < f_{\beta容}$时，闭合导线的角度测量是符合要求的，否则要对计算进行全面检查，若计算没有问题，则要对角度进行重测。本例中$f_\beta = +58''$。根据表 5-5 可知，$f_{\beta容} = \pm 60''\sqrt{n} = \pm 120''$，则有$f_\beta < f_{\beta容}$，所以观测结果合格。

虽然$f_\beta < f_{\beta容}$，但f_β的存在使整个导线存在矛盾。因此，要根据误差理论消除f_β的影响，这项工作称为角度闭合差的调整。调整前提是假定所有角的观测误差是相等的，调整方法是将f_β反符号平均分配到每个角上，即每个角改正$-\dfrac{f_\beta}{n}$（n为角的个数），将此项计算结果填入表 5-9 第 3 列，并以改正数总和等于$-f_\beta$进行检核。将角度观测值加改正数求得改正后的角度，填入表 5-9 第 4 列，并以改正后的角度总和等于理论值进行检核。

（3）推算导线各边的坐标方位角。

根据已知边的坐标方位角和改正后的角度，按式（5-11）推算导线各边的坐标方位角：

$$\begin{cases} \alpha_{前} = \alpha_{后} + 180^\circ + \beta_{左} \\ \alpha_{前} = \alpha_{后} + 180^\circ - \beta_{右} \end{cases} \qquad (5\text{-}11)$$

式中，$\alpha_{前}$、$\alpha_{后}$——导线前进方向的前一条边的坐标方位角和与之相连的后一条边的坐标方位角；

$\beta_{左}$、$\beta_{右}$——前后两条边所夹的左角、右角。

由式（5-11）求得

$$\alpha_{23} = \alpha_{A2} + 180^\circ + \beta_2 = 97^\circ58'08'' + 180^\circ + 82^\circ46'15'' = 0^\circ44'23''$$

$$\alpha_{34} = \alpha_{23} + 180^\circ + \beta_3 = 271^\circ52'31''$$

$$\alpha_{4A} = \alpha_{34} + 180^\circ + \beta_4 = 152^\circ06'19''$$

$$\alpha'_{A2} = \alpha_{4A} + 180^\circ + \beta_A = 97^\circ58'08'' = \alpha_{A2}$$

在用式（5-11）进行计算时，应注意以下两点。

① 由于边的坐标方位角取值范围为 0°～360°，因此当用式（5-11）中的第一式求出的$\alpha_{前}$大于 360°时，应减去 360°；当用式（5-11）中的第二式进行计算时，若$\alpha_{后} + 180^\circ < \beta_{右}$，则应先加 360°再减$\beta_{右}$。

② 最后推算出的已知边的坐标方位角应与已知值相比，以此进行检核。将此项计算结果填入表 5-9 第 5 列。

（4）坐标增量的计算。

在图 5-20 中，设 D_{12}、α_{12} 已知，则 12 边的坐标增量为

$$\begin{aligned}\Delta x_{12} &= D_{12}\cos\alpha_{12} \\ \Delta y_{12} &= D_{12}\sin\alpha_{12}\end{aligned} \tag{5-12}$$

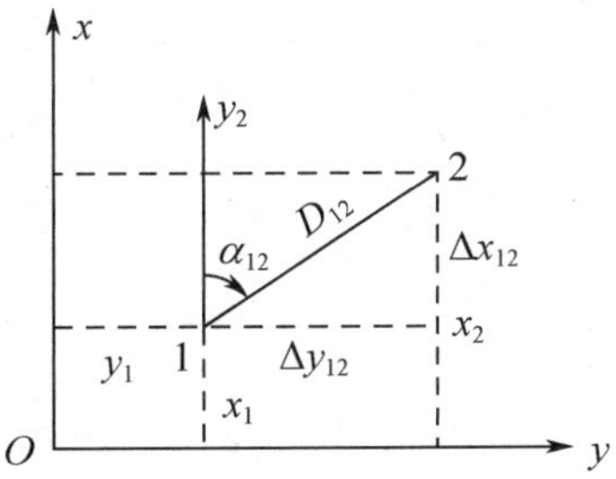

图 5-20　坐标增量

式（5-12）说明一条边的坐标增量是该边边长和该边坐标方位角的函数。将此项计算结果填入表 5-9 第 7、8 列。

（5）坐标增量闭合差的计算与调整。

对于闭合导线，由于起、止于同一点，因此其坐标增量总和理论上应该等于 0，即

$$\sum \Delta x_{理} = 0$$
$$\sum \Delta y_{理} = 0$$

如果用 $\sum \Delta x_{测}$ 和 $\sum \Delta y_{测}$ 分别表示计算出的坐标增量总和，则由于存在测量误差，因此计算出的坐标增量总和与理论值不相等，二者之差称为闭合导线的坐标增量闭合差，分别用 f_x、f_y 表示，即有

$$f_x = \sum \Delta x_{测} - \sum \Delta x_{理}$$
$$f_y = \sum \Delta y_{测} - \sum \Delta y_{理}$$

坐标增量闭合差是坐标增量的函数，或者说是导线边长和边的坐标方位角的函数，而坐标方位角是通过已知边的坐标方位角和改正后的角度求得的，二者可以认为是没有误差的。这样坐标增量闭合差可以认为是由导线边长误差引起的，也就是说，导线从 A 点出发，经过 2、3、4 点后，因为各边丈量的误差，所以导线没有回到 A 点，而是落在 A'点。如图 5-21 所示，AA'为导线全长闭合差，用 f_D 表示。由此可见，f_x、f_y 是 f_D 在 x 轴、y 轴上的分量，所以有

$$f_D = \sqrt{f_x^2 + f_y^2} \tag{5-13}$$

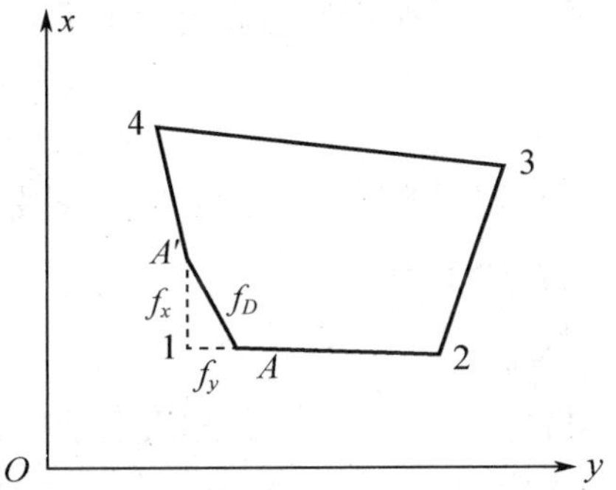

图 5-21　导线全长闭合差分量

既然所有边长误差总和为 f_D，若用 $\sum D$ 表示导线全长，则导线全长相对闭合差为

$$K = \frac{f_D}{\sum D}$$

根据误差理论，导线全长闭合差不能超过一定的界限，假设用 $K_{容}$ 表示这个界限，则当

$K < K_{容}$时，认为导线边长丈量是符合要求的。在这个前提下，本着边长测量误差与边长成正比的原则，将坐标增量闭合差 f_x、f_y 反符号按与边长成正比进行调整。

令 v_{x_i}、v_{y_i} 为第 i 条边的坐标增量改正数，则有

$$v_{x_i} = -\frac{f_x}{\sum D} D_i$$

$$v_{y_i} = -\frac{f_y}{\sum D} D_i$$

将坐标增量计算结果填入表 5-9 第 7、8 列，并以 $\sum v_{x_i} = -f_x$ 和 $\sum v_{y_i} = -f_y$ 进行检核。将坐标增量加坐标增量改正数后填入表 5-9 第 9、10 列，作为改正后的坐标增量，此时表 5-9 中第 9、10 列的总和为 0，以此进行检核。

在图 5-22 中，A 点的坐标是已知的，各边的坐标增量已经求得，所以有

$$x_2 = x_A + \Delta x_{A2}$$

$$y_2 = y_A + \Delta y_{A2}$$

同理类推，即可分别求出 3、4 两点的坐标。要注意，由 4 点推算出的 A 点的坐标应与已知值相等，以此进行检核。将计算结果填入表 5-9 第 11、12 列。

至此，闭合导线计算全部结束。

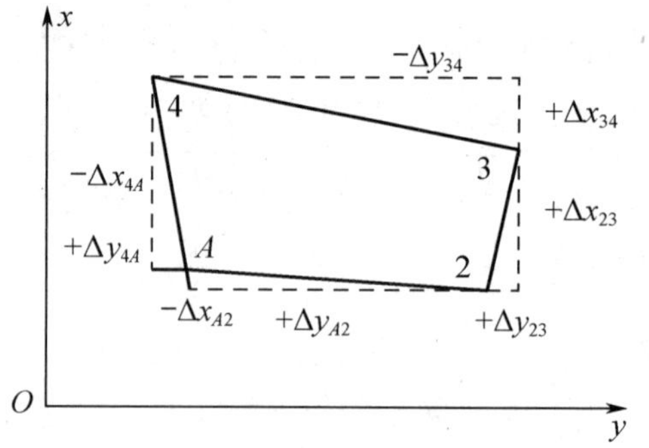

图 5-22　坐标增量闭合差的调整

2. 附合导线计算

附合导线的计算方法和计算步骤与闭合导线相同，只是由于已知条件不同，因此角度闭合差和坐标增量闭合差的计算略有不同。

（1）角度闭合差的计算与调整。

如图 5-23 所示，附合导线附合在两条已知坐标方位角的边上，也就是说，α_{AB}、α_{CD} 是已知的。由于已测出各转折角，所以从 α_{AB} 出发，经各转折角也可以求得 CD 边的坐标方位角 α'_{CD}，即有

$$\alpha_{A1} = \alpha_{BA} + 180^\circ + \beta_A$$

$$\alpha_{12} = \alpha_{A1} + 180^\circ + \beta_1$$

$$\alpha_{23} = \alpha_{12} + 180^\circ + \beta_2$$

$$\alpha_{3C} = \alpha_{23} + 180^\circ + \beta_3$$

$$\alpha'_{CD}=\alpha_{3C}+180^{\circ}+\beta_{C}=\alpha_{BA}+5\times180^{\circ}+\sum\beta$$

如果写成通项公式，则有

$$\begin{cases}\alpha'_{终}=\alpha_{起}+n\times180^{\circ}+\sum\beta_{左}\\ \alpha'_{终}=\alpha_{起}+n\times180^{\circ}-\sum\beta_{右}\end{cases} \tag{5-14}$$

式中，n——角的个数。

由于存在测量误差，因此$\alpha'_{CD}\neq\alpha_{CD}$，二者之差称为附合导线的角度闭合差，用$f_{\beta}$表示，有

$$f_{\beta}=\alpha'_{CD}-\alpha_{CD}=\alpha_{BA}+5\times180^{\circ}+\sum\beta-\alpha_{CD} \tag{5-15}$$

和闭合导线一样，当$f_{\beta}<f_{\beta容}$时，附合导线的角度测量是符合要求的，这时要对角度闭合差进行调整。调整方法是，当测的是左角时，将角度闭合差反符号平均分配，即每个角改正$-\dfrac{f_{\beta}}{n}$；当测的是右角时，将角度闭合差同符号平均分配，即每个角改正$\dfrac{f_{\beta}}{n}$。

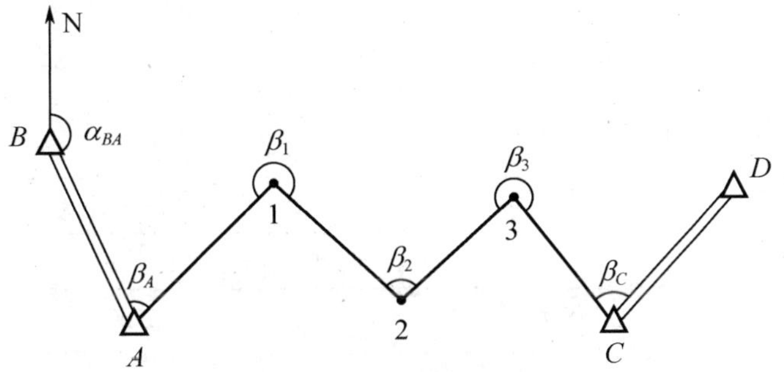

图 5-23　附合导线计算

（2）坐标增量闭合差的计算。

在图 5-23 中，由于 A、C 两点的坐标已知，因此从 A 点到 C 点的坐标增量也已知，即

$$\sum\Delta x_{理}=\Delta x_{AC}=x_C-x_A$$
$$\sum\Delta y_{理}=\Delta y_{AC}=y_C-y_A$$

通过附合导线测量也可以求得从 A 点到 C 点的坐标增量，假设用$\sum\Delta x_{测}$、$\sum\Delta y_{测}$表示，则由于存在测量误差，因此有

$$\sum\Delta x_{理}\neq\sum\Delta x_{测}$$
$$\sum\Delta y_{理}\neq\sum\Delta y_{测}$$

二者之差称为附合导线的坐标增量闭合差，即

$$\begin{aligned}f_x&=\sum\Delta x_{测}-(x_C-x_A)\\ f_y&=\sum\Delta y_{测}-(y_C-y_A)\end{aligned} \tag{5-16}$$

附合导线的全长闭合差、全长相对闭合差的计算，以及坐标增量闭合差的调整与闭合导线相同。附合导线计算表如表 5-10 所示。

表 5-10 附合导线计算表

点号	观测左角	改正数	改正后的角度	坐标方位角	距离/m	坐标增量		改正后的坐标增量		坐标	
						Δ*x*/m	Δ*y*/m	Δ*x*′/m	Δ*y*′/m	*x*/m	*y*/m
B											
				137°24′26″							
A	67°54′44″	+5″	67°54′49″							1873.59	8785.05
				25°19′15″	161.01	145.54	68.86	145.53	68.86		
1	248°28′06″	+5″	248°28′11″							2019.12	8853.91
				93°47′26″	239.51	15.83	238.99	−15.84	238.98		
2	100°05′57″	+5″	100°06′02″							2003.28	9092.89
				13°53′28″	169.25	164.30	40.63	164.29	40.62		
3	279°07′09″	+4″	279°07′13″							2167.57	9133.51
				113°00′41″	132.62	−51.84	122.07	−51.84	122.07		
C	91°24′36″	+5″	91°24′41″							2115.73	9255.58
				24°25′22″							
D											
∑	787°00′32	+24″	787°00′56″		702.39	242.17	470.55	242.14	470.53		

辅助计算：

$\alpha'_{CD}=\alpha_{BA}+5\times180^\circ+\sum\beta=24^\circ24'58''$　　$\sum\Delta x_{测}=242.17\text{m}$　　$\sum\Delta y_{测}=470.55\text{m}$

$f_\beta=\alpha'_{CD}-\alpha_{CD}=-24''$　　$x_C-x_A=242.14\text{m}$　　$y_C-y_A=470.53\text{m}$

$f_{\beta容}=\pm60''\sqrt{n}\approx\pm134''$　　$f_x=0.03\text{m}$　　$f_y=0.02\text{m}$

$|f_\beta|\leqslant|f_{\beta容}|$

$$f_D=\sqrt{f_x^2+f_y^2}\approx0.036\text{m}$$

$$K=\frac{f_D}{\sum D}=\frac{0.036}{702.39}\approx\frac{1}{19510}<\frac{1}{2000}$$

任务 5.3 高程控制测量

在线课：高程控制测量

在线课：三等、四等水准测量

实操：三等、四等水准测量实操

测定控制点高程的工作称为高程控制测量。

高程控制测量的任务是在测区内建立若干高程控制点，精确地测出它们的高程。高程控制测量路线可以布设为单独的路线，也可以布设为环状闭合路线。

高程控制测量可采用水准测量或三角高程测量的方法。小地区高程控制测量常采用三等、四等水准测量和图根水准测量的方法。在山区，由于地面起伏较大，进行水准测量较为困难，因此常采用三角高程测量的方法。

三等、四等水准点的高程引测自国家一等、二等水准点。三等、四等水准测量一般应与国家一等、二等水准网进行联测，除用于国家水准网加密以外，还用于建立小地区首级高程控制网，以及建筑施工区内工程测量及变形观测的基本控制。若测区或附近没有国家水准点，则也可建立独立的高程控制网。三等、四等水准点应选在土质坚硬、便于保存和使用方便的地方，并埋设水准标石。

三等、四等水准测量常采用双面尺法和变化仪高法。当使用 DS_3 级水准仪时，三等、四等水准测量观测的主要技术标准如表 5-11 所示，对测站的视线长度、视线高度、前后视距差、前后视距差累积、基辅分划（黑红面）读数较差、基辅分划（黑红面）所测高差较差都做出了具体要求。

表 5-11　三等、四等水准测量观测的主要技术标准

等　级	视线长度/m	视线高度/m	前后视距差/m	前后视距差累积/m	基辅分划（黑红面）读数较差/mm	基辅分划（黑红面）所测高差较差/mm
三等	≤75	三丝能读数	≤3.0	≤6.0	≤2.0	≤3.0
四等	≤100	三丝能读数	≤5.0	≤10.0	≤3.0	≤5.0

当三等、四等水准测量采用变化仪高法观测单面标尺时，所测两次高差较差与黑红面所测高差较差的要求相同。三等、四等水准路线的闭合差要求如表 5-12 所示。

表 5-12　三等、四等水准路线的闭合差要求

等　级	附合路线或环线的闭合差/mm	
	平　原	山　区
三等	$\pm12\sqrt{L}$	$\pm4\sqrt{n}$
四等	$\pm20\sqrt{L}$	$\pm6\sqrt{n}$

注：L 为水准路线长度，单位为 km；n 为测站个数。

三等、四等水准测量的观测应在通视良好、成像清晰且稳定的条件下进行，常采用双面尺中丝读数法，按照后—前—前—后的顺序观测。

一个测站的观测顺序：首先，选择合适的位置安置水准仪，水准仪应大致在前后视中间位置，以保持前后视距差不超过限差；其次，将水准仪整平；最后，进行观测和读数。观测和读数分以下四步进行。

（1）瞄准后视水准尺黑面，得到上丝、下丝和中丝读数。

（2）瞄准前视水准尺黑面，得到上丝、下丝和中丝读数。

（3）瞄准前视水准尺红面，得到中丝读数。

（4）瞄准后视水准尺红面，得到中丝读数。

按照后—前—前—后的顺序观测，可以抵消水准仪和尺垫下沉误差的影响。

将一个测站的 8 个读数按读数顺序相应地记录到表 5-13 中的（1）～（8）处，并进行测站的计算与检核。

表 5-13　三等、四等水准测量观测记录手簿

测站编号	点号	后尺 上丝 / 下丝；后视距；前后视距差/m	前尺 上丝 / 下丝；前视距；前后视距差累积/m	方向及尺号	标尺读数/mm 黑面	标尺读数/mm 红面	黑+K-红	高差中数/m	备注
		(1)	(4)	后	(3)	(8)	(13)	(18)	
		(2)	(5)	前	(6)	(7)	(14)		
		(9)	(10)	后-前	(15)	(16)	(17)		
		(11)	(12)						K_1=4.687m
1	A-TP1	1689	1230	后 1	1333	6021	-1	+0.458	K_2=4.787m
		0980	0520	前 2	0875	5662	0		
		70.9	71.0	后-前	+0458	+0359	-1		
		-0.1	-0.1						

填表方法如下。

（1）视距的计算与检核。根据前后尺的上下丝读数，计算前后视距。后视距（9）=［（1）-（2）］×100，前视距（10）=［（4）-（5）］×100。前后视距差（11）=（9）-（10），三等水准测量前后视距差不得超过 2m，四等水准测量前后视距差不得超过 3m。

前后视距差累积（12）=本测站的前后视距差+上一个测站的前后视距差累积，三等水准测量前后视距差累积不得超过 5m，四等水准测量前后视距差累积不得超过 10m，否则需要返工重测。

（2）尺常数检核。同一水准尺黑面中丝读数与红面起始值 K 的和应等于红面读数。实际测量有误差，其差值（13）=（3）+K-（8），（14）=（6）+K-（7），三等水准测量（13）、（14）的值不得超过 2mm，四等水准测量（13）、（14）的值不得超过 3mm。

（3）高差的计算与检核。按前后视水准尺黑红面中丝读数分别计算测站高差。黑面所测高差（15）=（3）-（6），红面所测高差（16）=（8）-（7），黑红面所测高差较差（17）=（15）-（16）± 100=（13）-（14）。三等水准测量黑红面所测高差较差不得超过 3mm，四等水准测量黑红面所测高差较差不得超过 5mm。当黑红面高差较差在允许范围内时，取黑红面所测高差的平均值作为该测站的观测高差，即（18）=［（15）+（16）± 100］÷2。

测站检核只能检核每个测站所测高差是否正确，对于整条水准路线而言，还不能说明其精度是否符合要求。例如，在仪器搬站期间，转点的尺垫被碰动、下沉等引起的误差在测站检核中无法发现，而在水准路线的闭合差中却能反映出来。因此，水准测量外业工作结束后，首先应复查记录手簿，其次应按水准路线布设形式进行成果整理。整理的内容包括水准路线高差闭合差的计算与检核，高差闭合差的分配和计算改正后的高差，以及计算各点的高程（参见任务 2.4 水准测量的成果计算及误差分析）。

任务 5.4 认识全站仪

5.4.1 全站仪简介

全站型电子速测仪是由电子测角、电子测距、电子计算和数据存储等单元组成的三维坐标测量系统，是能自动显示测量结果、能与外围设备交换信息的多功能测量仪器，是一种集光、机、电于一体的高技术测量仪器，是集水平角、垂直角、距离（倾斜距离、水平距离）、高差测量功能于一体的测绘仪器。由于该仪器较完善地实现了测量和处理过程的电子一体化，因此通常称之为全站型电子速测仪（Electronic Total Station），简称全站仪。全站仪有以下几个特点。

（1）操作简单、高效。全站仪具有现代测量工作所需的所有功能。

（2）可快速安置。简单地整平和对中后，全站仪一经开机便可工作。全站仪具有专门的动态角扫描系统，无须初始化。关机后，全站仪仍会保留水平度盘和竖盘的方向值。电子“气泡”有图示并能使全站仪始终保持精密置平。

（3）适应性强。全站仪是为适应恶劣操作环境所制造的仪器，经受过全面的测试以适应各种作业条件，如雨天、潮湿、冲撞、尘土和高温等，能在苛刻的环境下完成作业任务。

（4）全站仪设有双向倾斜补偿器，可以自动对水平和竖直方向进行修正，以消除竖轴倾斜误差的影响，还可以进行地球曲率改正、折光误差及温度和气压改正。

（5）控制面板具有人机对话功能。控制面板由键盘和主、副显示窗组成。除照准外的各种测量功能和参数设置均可通过键盘来实现。全站仪的两侧均有控制面板，操作十分方便。

（6）具有双向通信功能，可将测量数据传输给电子手簿或外部计算机。

与经纬仪相比，全站仪的优点主要表现在以下几方面：测量结果自动记录在电子手簿中，避免了读数的错误和记录的粗差，提高了功效；利用全站仪中的微处理器，通过传感器可以自动地改正仪器轴系误差，提高测量精度；距离改正、高差计算和坐标计算在仪器上自动完成，减少了内业计算工作量；在角度测量中自动扫描整个度盘，并求出平均值作为结果，消除了度盘的刻划误差和偏心差；可接收来自电子手簿和外部计算机的指令及数据。

全站仪由采集数据设备和微处理器两大部分组成。其中，采集数据设备主要有电子测角系统、电子测距系统、自动补偿设备等。微处理器是全站仪的核心装置，主要由中央处理器、随机储存器和只读存储器等构成。在测量时，微处理器根据键盘或程序的指令控制各分系统，进行必要的逻辑和数值运算及数字存储、处理、管理、传输、显示等。

5.4.2 全站仪的测量功能

全世界全站仪的品牌有很多，如美国的天宝，瑞士的徕卡，日本的拓普康、尼康，以及我国的北光、南方、苏光等。不同全站仪的构造原理基本相同，其具体操作步骤却有差异，在使用前必须详细阅读说明书。

1. 各部件的名称

南方 NTS-330 系列全站仪各部件的名称如图 5-24 所示。

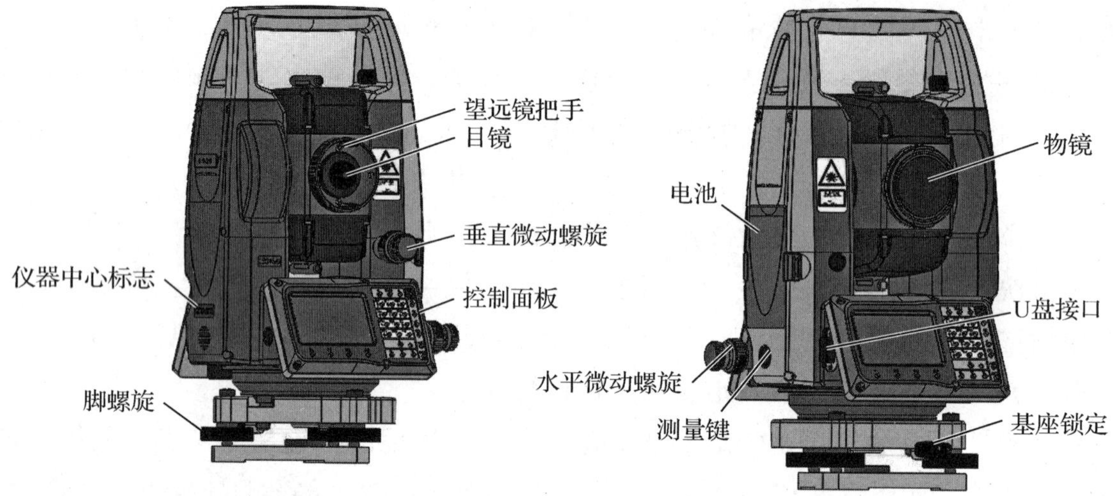

图 5-24 南方 NTS-330 系列全站仪各部件的名称

2. 测量前的准备工作

（1）仪器开箱和存放。

开箱：轻轻地放下箱子，让其盖朝上，打开箱子的锁栓，开箱盖，取出仪器。

存放：盖好望远镜镜盖，使照准部的垂直制动手轮和基座的水准器朝上，将仪器平卧（望远镜物镜端朝下）放入箱子，轻轻旋紧垂直制动手轮，盖好箱盖，并关上箱子的锁栓。

（2）安置仪器。

将仪器安置在三脚架上，精确整平和对中，以保证测量结果的精度（应使用专用的带中心连接螺旋的三脚架）。

（3）反射棱镜。

当全站仪用红外光进行距离测量等作业时，必须在目标处放置反射棱镜。反射棱镜有单（叁）棱镜组，可通过基座连接器将棱镜组连接在基座上并安置到三脚架上，也可直接将其安置在对中杆上。棱镜组由用户根据作业需要自行配置。

棱镜组如图 5-25 所示。

（4）基座的装卸。

拆卸：如有需要，基座可从仪器（含采用相同基座的反射棱镜基座连接器）上卸下。

先用螺丝刀松开基座锁定钮固定螺钉，然后逆时针转动锁定钮约 180°，即可使仪器与基座分离。

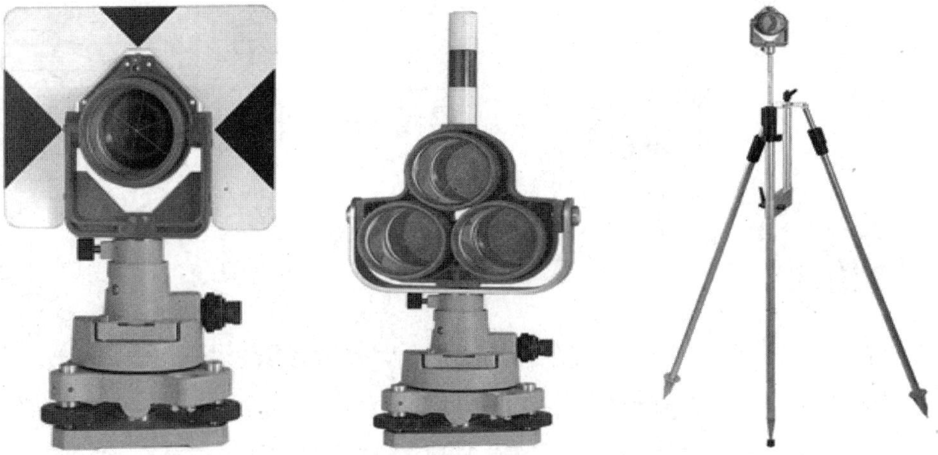

图 5-25　棱镜组

安装：将仪器的定向凸出标记与基座定向凹槽对齐，把仪器上的三个固定脚对应放到基座的孔中，将仪器装在基座上，顺时针转动锁定钮约 180°使仪器与基座锁定，并用螺丝刀将锁定钮固定螺钉旋紧。

（5）望远镜目镜调整和目标瞄准。

瞄准目标的方法如下。

① 将望远镜对准明亮天空，旋转目镜筒，调焦至看清十字丝（先朝自己方向旋转目镜筒，再慢慢旋进调焦至看清十字丝）。

② 利用粗瞄准器内的三角形标志的顶尖瞄准目标点，瞄准时眼睛与瞄准器之间应留有一定距离。

③ 利用望远镜调焦螺旋使目标成像清晰。

当眼睛在目镜端上下或左右移动发现有视差时，说明调焦或目镜屈光度未调好，这将影响观测的精度，应仔细调焦并调节目镜筒以消除视差。

3. 全站仪的坐标测量

全站仪的坐标测量是在坐标测量模式下完成的。

通过输入仪器高和目标高后测量坐标，可直接测定未知点的三维坐标（若只需测定未知点的平面坐标，则不需要输入仪器高和目标高）。

坐标测量步骤如下。

（1）在测站点安置全站仪，对中、整平，量取仪器高并在仪器中输入。

（2）进行☆号键的设置。打开双轴补偿，调整对比度使界面清晰，反射体选择棱镜，设置棱镜常数（国产：−30mm。进口：0mm），输入温度（−30～+60℃）和气压（760mmHg 或 1013hPa）。

（3）进入坐标测量模式，进行测站点和后视点的设置，并输入棱镜高。

（4）盘左瞄准后视点棱镜中心进行方位角定向。

（5）瞄准待测目标点测量坐标。

任务5.5 GNSS测量

5.5.1 GNSS简介

在线课：GNSS简介

GNSS的全称是全球导航卫星系统（Global Navigation Satellite System），又称全球卫星导航系统，是能在地球表面或近地空间的任何地点为用户提供全天候的三维坐标和速度及时间信息的空基无线电导航定位系统。全球卫星导航系统国际委员会公布的全球四大卫星导航系统供应商包括美国的全球定位系统（GPS）、俄罗斯的格洛纳斯卫星导航系统（GLONASS）、欧盟的伽利略卫星导航系统（GALILEO），以及中国的北斗卫星导航系统（BDS）。

GPS是世界上第一个建立并用于导航定位的全球系统。GPS是在美国海军研制的导航卫星系统的基础上发展起来的，从20世纪70年代开始研制，历时20年，耗资200亿美元，于1994年全面建成。GPS以其优越的性能赢得了广大测绘工作者的信赖。

GLONASS是由俄罗斯空间局管理的导航卫星系统。俄罗斯对GLONASS实施军民合用、不加密的开放政策。GLONASS的抗干扰能力比GPS好，但其绝对定位精度不及GPS。

伽利略卫星导航系统是由欧盟研制和建立的全球卫星导航定位系统。欧洲委员会于1999年首次公布了伽利略卫星导航系统计划，目的是摆脱欧洲对美国GPS的依赖，打破其垄断，从而在全球高科技竞争浪潮中获取有利位置，并为将来建设欧洲独立防务创造条件。

北斗卫星导航系统是中国自主建设运行的全球卫星导航系统。2000年年底，建成北斗一号系统，向中国提供服务；2012年年底，建成北斗二号系统，向亚太地区提供服务；2020年，建成北斗三号系统，向全球提供服务。

GNSS主要由空间段（空间卫星星座）、地面段（地面控制站）和用户段（地面接收机）组成。空间卫星发出的广播信号被地面接收机接收和处理解算，从而提供定位服务；地面控制站发出的信号被空间卫星接收，从而控制卫星运行及通信。

GNSS的定位原理是将分布在天空中的高轨卫星当作已知点，每颗卫星的瞬间位置都可以计算出来，并且可通过卫星信号发送到地面接收机上。当某个地面接收机同时接收到4颗以上卫星的信号时，即可用测量学中的空间后方交会法推算出地面接收机的空间坐标。

在GNSS中，美国的GPS占据了全球主要的导航应用市场。

5.5.2 GPS 简介

1. GPS 的特点

GPS 具有定位精度高、观测时间短、测站间无须通视、可提供实时三维坐标、操作简便、全天候作业、功能多、应用广泛等特点。

（1）定位精度高。

应用实践证明，GPS 的相对定位精度在 50km 以内可达 10^{-6}，在 100～500km 范围内可达 10^{-7}，在 1000km 以上可达 10^{-9}。在 300～1500m 工程精密定位中，1h 以上观测的解，其平面位置误差小于 1mm，与 ME-5000 电磁波测距仪测定的边长相比，其边长较差最大为 0.5mm，较差中误差为 0.3mm。

（2）观测时间短。

随着 GPS 的不断完善，以及软件的不断更新，目前 20km 以内静态相对定位仅需 15～20min；在进行快速静态相对定位测量时，当每个流动站与基准站相距 15km 以内时，流动站观测时间只需 1～2min；在进行动态相对定位测量时，流动站出发时观测 1～2min，之后可随时定位，每站观测时间仅需几秒。

（3）测站间无须通视。

GPS 测量不要求测站之间互相通视，只需测站上空开阔即可，可节省大量的造标费用。由于测站间无须通视，因此点位根据需要可稀可密，这使选点工作甚为灵活，也可省去经典大地测量中的传算点、过渡点的测量工作。

（4）可提供实时三维坐标。

经典大地测量对平面坐标与高程采用不同方法分别施测。GPS 可同时精确测定测站点的三维坐标。目前 GPS 水准可满足四等水准测量的精度要求。

（5）操作简便、全天候作业。

随着 GPS 接收机不断改进，其自动化程度越来越高，有的已达“傻瓜化”的程度。此外，GPS 接收机的体积越来越小、质量越来越轻，极大地减轻了测量工作者的工作紧张程度和劳动强度，使野外工作变得轻松、愉快。目前 GPS 观测可在一天 24h 内的任何时间进行，不受阴天黑夜、起雾刮风、下雨下雪等气候条件的影响。

（6）功能多、应用广泛。

GPS 不仅可用于测量、导航，还可用于测速、测时，测速的精度可达 0.1mm/s，测时的精度可达几十毫微秒。GPS 的应用领域不断扩大。

GPS 包括三大部分：空间部分——GPS 卫星星座；地面控制部分——地面监控系统；用户设备部分——GPS 接收机。

2. GPS 的组成

（1）GPS 卫星星座。

GPS 卫星星座由 21 颗工作卫星和 3 颗在轨备用卫星组成，记作(21+3)GPS 卫星星座。如图 5-26 所示，24 颗 GPS 卫星均匀分布在 6 个轨道平面内，轨道倾角为 55°，各个轨道平面之间相距 60°，即轨道的升交点赤经相差 60°。每个轨道平面内各颗 GPS 卫星之间的升交角距相差 90°，一个轨道平面内的 GPS 卫星比西边相邻轨道平面内的相应 GPS 卫星超前 30°。

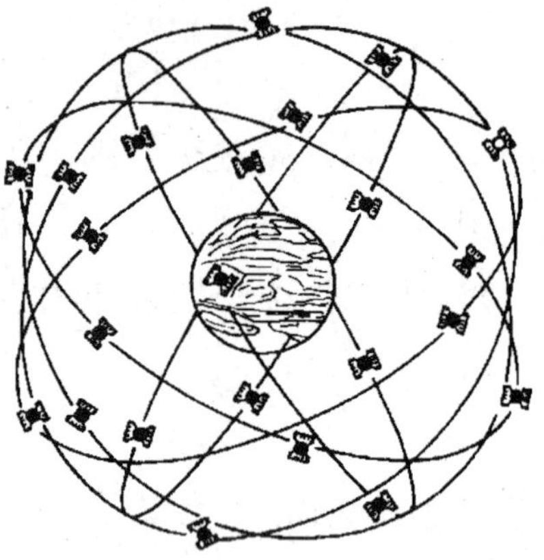

图 5-26　GPS 卫星星座

在 20 000km 高空中的 GPS 卫星，当地球对恒星来说自转 1 周时，它们绕地球运行 2 周，即绕地球 1 周的时间为 12 恒星时。这样，对于地面观测者来说，每天将提前 4min 见到同一颗 GPS 卫星。位于地平线以上的 GPS 卫星颗数随着时间和地点的不同而不同，最少可见到 4 颗，最多可以见到 11 颗。在用 GPS 信号导航定位时，为了解算测站的三维坐标，必须观测 4 颗 GPS 卫星（称为定位星座）。这 4 颗 GPS 卫星在观测过程中的几何位置分布对定位精度有一定的影响，对于某地某时，甚至不能测得精确的点位坐标，这种时间段叫作间隙段。但这种间隙段是很短的，并不影响全球绝大多数地方的全天候、高精度、连续实时的导航定位测量。

在 GPS 中，GPS 卫星的作用如下。

① 用 L 波段的两个载波（L1 载波和 L2 载波）向广大用户连续不断地发送导航定位信号。每个载波用导航信息 $D(t)$和伪随机码（PRN）测距信号进行双相调制。用于捕获 GPS 信号及粗略定位的伪随机码叫 C/A 码，用于精密定位的精密测距码叫 P 码。由导航电文可以知道该 GPS 卫星当前的位置和工作情况。

② GPS 卫星在飞越注入站上空时，接收由注入站用 s 波段（10cm 波段）发送到 GPS 卫星的导航电文和其他有关信息，并通过 GPS 信号电路实时地发送给用户。

③ 接收主控站通过注入站发送到 GPS 卫星的调度命令，实时地改正运行偏差或启用备用时钟等。

GPS 卫星的核心部件是高精度的时钟、导航电文存储器、双频发射和接收机及微处理机。GPS 定位成功的关键在于高稳定度的频率标准。这种高稳定度的频率标准由高精度的时钟提供。因为 10^{-9}s 的时间误差将会引起 30cm 的站星距离误差，所以对每颗工作卫星一般安设两台铷原子钟和两台铯原子钟，并计划未来采用更稳定的氢原子钟（频率稳定度优于 10^{-14}）。GPS 卫星虽然发送几种不同频率的信号，但是它们均源于一个基准信号（频率为 10.23GHz），只需启用一台原子钟，其余原子钟作为备用。卫星钟由地面站检验，其钟差、钟速连同其他信息由地面站注入 GPS 卫星后，转发到用户设备。

（2）地面监控系统。

对于导航定位来说，GPS 卫星是一个动态已知点。GPS 卫星的位置是依据 GPS 卫星发射的星历——描述 GPS 卫星运动及其轨道的参数算得的。每颗 GPS 卫星发射的星历都是由地面监控系统提供的。GPS 卫星上的各种设备是否正常工作，以及 GPS 卫星是否一直沿着预定轨道运行，都要由地面监控系统进行监测和控制。

地面监控系统的另一个重要作用是保持各颗 GPS 卫星处于同一时间标准——GPS 时间系统。这就需要地面站监测各颗 GPS 卫星的时间，求出钟差，由注入站发送给 GPS 卫星，GPS 卫星将导航电文发送给用户。

GPS 卫星的地面监控系统包括 1 个主控站、3 个注入站和 5 个监测站。

主控站设在美国科罗拉多州。主控站的任务是收集、处理本站和监测站接收到的全部资料，编算出每颗 GPS 卫星的星历和 GPS 时间系统，将预测的卫星星历、钟差、状态数据及大气传播改正参数编制成导航电文传送到注入站。主控站还负责纠正 GPS 卫星的轨道偏离，必要时调度 GPS 卫星，让在轨备用卫星取代失效的工作卫星。另外，主控站还负责监测整个地面监控系统的工作，检验注入站发送给 GPS 卫星的导航电文，监测 GPS 卫星是否将导航电文发送给了用户。

3 个注入站分别设在大西洋的阿森松岛、印度洋的迪戈加西亚岛和太平洋的卡瓦加兰。注入站的任务是将主控站发来的导航电文注入相应 GPS 卫星的存储器，每天注入 3 次，每次注入 14 天的卫星星历。此外，注入站能自动向主控站发射信号，每分钟报告一次自己的工作状态。

5 个监测站除位于 1 个主控站和 3 个注入站之处的 4 个以外，还在夏威夷设立了一个监测站。监测站的主要任务是为主控站提供 GPS 卫星的观测数据。每个监测站均用 GPS 接收机对每颗可见 GPS 卫星每 6min 进行一次伪距测量和积分多普勒观测，采集气象要素等数据。监测站在主控站的遥控下自动采集定轨数据并进行各项改正，每 15min 平滑一次观测数据，依此推算出每 2min 间隔的观测值，并将数据发送给主控站。

（3）GPS 接收机。

GPS 接收机能够捕获到按一定卫星高度截止角所选择的待测 GPS 卫星的信号，并跟踪这些 GPS 卫星的运行，对所接收到的 GPS 信号进行变换、放大和处理，以便测量出 GPS 信号从 GPS 卫星到 GPS 接收机天线的传播时间，解译出 GPS 卫星所发送的导航电文，实时地计算出测站的三维坐标，甚至三维速度和时间。

在静态定位中，GPS 接收机在捕获和跟踪 GPS 卫星的过程中固定不变，GPS 接收机高精度地测量 GPS 信号的传播时间，利用 GPS 卫星在轨的已知位置，解算出 GPS 接收机天线所在位置的三维坐标。在动态定位中，则用 GPS 接收机测定一个运动物体的运行轨迹。GPS 接收机所位于的运动物体叫作载体（如航行中的船舰、空中的飞机、行走的车辆等），载体上的 GPS 接收机天线在跟踪 GPS 卫星的过程中相对地球运动，GPS 接收机用 GPS 信号实时地测得运动载体的状态参数（瞬间三维坐标和三维速度）。

GPS 接收机硬件和机内软件，以及 GPS 数据的后处理软件包，构成完整的 GPS 用户设备。GPS 接收机的结构分为天线单元和接收单元两大部分。对于测地型 GPS 接收机来说，两个单元一般分成两个独立的部件，观测时将天线单元安置在测站上，将接收单元安置在测站附近的适当地方，用电缆线将两者连接成一个整机。也有的 GPS 接收机将天线单元和接收单元制作成一个整体，观测时将其安置在测站上。GPS 接收机按功能可以分为导航型、测地型、授时型、姿态测量型等。

GPS 接收机一般用蓄电池作为电源。同时采用机内、机外两种直流电源。设置机内电池的目的在于更换机外电池时不中断连续观测。在使用机外电池的过程中，机内电池自动充电。关机后，机内电池为随机存储器供电，以防止丢失数据。

近几年，国内引进了许多种类型的测地型 GPS 接收机。各种类型的测地型 GPS 接收机在用于精密相对定位时，其双频接收机精度可达 5mm+1ppm·D，单频接收机在一定距离内精度可达 10mm+2ppm·D。用于差分定位的测地型 GPS 接收机精度可达亚米级至厘米级。

目前，各种类型的 GPS 接收机体积越来越小，质量越来越轻，便于野外观测，GPS 和 GLONASS 兼容的全球导航卫星系统接收机已经开始应用。

5.5.3　GPS 定位原理

1. GPS 信号

GPS 信号是 GPS 卫星向广大用户发送的、用于导航定位的调制波，它包含载波、测距码和数据码，其时钟基本频率为 10.23MHz。

GPS 卫星使用 L 波段的两个载波。

L1 载波：中心频率=154×f_0 =1575.42MHz，波长 λ_1=19.032cm。

L2 载波：中心频率=120×f_0 =1227.60MHz，波长 λ_2=24.420cm。

使用这两个载波的目的在于测量出或消除由电离层效应引起的延迟误差。

GPS 卫星的测距码有两种：一种是 C/A 码（频率为 1.023MHz），主要为民用码；另一种是 P 码（频率为 10.23MHz），主要为美国军方所用。C/A 码是用于捕获 GPS 信号及粗略定位的伪随机码，C/A 码的波长是 293.1m，测距误差为 2.9～29.3m，P 码的波长是 C/A 码的 1/10，相应的测距误差为 0.3～2.9m。

数据码是 50bit/s 的数据串，称为导航电文或 D 码，它向用户提供卫星星历、系统时间、电离层改正参数等信息。

测距码和数据码是采用调相技术调制到载波上的。调制码的幅值只取 0 或 1，如果调制码的幅值取 0 时对应的码状态取+1，调制码的幅值取 1 时对应的码状态取−1，那么载波和相应的码状态相乘后便实现了载波的调制。这样，当载波与码状态+1 相乘时，其相位不变；当载波与码状态−1 相乘时，其相位改变 180°。因此，当调制码的幅值从 0 变为 1 或从 1 变为 0 时，都将使载波相位改变 180°。这时的载波信号实现了调制码的相位调制，构成了 GPS 信号。

2. 定位原理

（1）基本原理。

GPS 接收机在某一时刻同时接收 3 颗及以上 GPS 卫星的信号，测量出测站点（GPS 接收机无线中心）P 至 3 颗及以上 GPS 卫星的距离，并解算出该时刻 GPS 卫星的空间坐标，据此利用距离交会法解算出测站点 P 的位置。如图 5-27 所示，设在时刻 t_i，在测站点 P 用 GPS 接收机同时测得 P 点至 3 颗 GPS 卫星 S_1、S_2、S_3 的距离 ρ_1、ρ_2、ρ_3，通过导航电文解译出该时刻 3 颗 GPS 卫星的三维坐标分别为 (X^j, Y^j, Z^j)，j=1, 2, 3。利用距离交会法解算 P 点的三维坐标(X, Y, Z)的观测方程，即

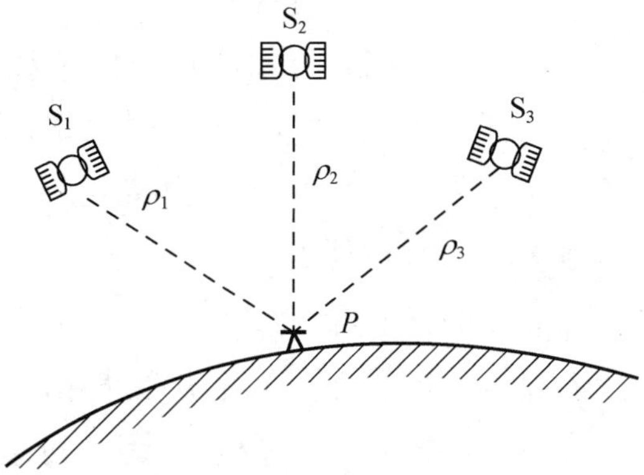

图 5-27　GPS 定位原理

$$\begin{cases} \rho_1^2 = (X - X^1)^2 + (Y - Y^1)^2 + (Z - Z^1)^2 \\ \rho_2^2 = (X - X^2)^2 + (Y - Y^2)^2 + (Z - Z^2)^2 \\ \rho_3^2 = (X - X^3)^2 + (Y - Y^3)^2 + (Z - Z^3)^2 \end{cases}$$

ρ 可采用伪距测量和载波相位测量两种方法获得。

（2）伪距测量。

在待测点上安置 GPS 接收机天线，通过测定某颗 GPS 卫星发送信号的时刻到 GPS 接收机天线接收到该信号的时刻的时间间隔 Δt，就可以求得 GPS 卫星到 GPS 接收机天线的空间距离，即

$$\rho = \Delta t \cdot c$$

式中，c——电磁波在大气中的传播速度。

由于 GPS 卫星和 GPS 接收机的时钟均有误差，电磁波经过电离层和对流层时将产生传播延迟，因此 Δt 乘以电磁波在大气中的传播速度 c 后得到的距离不是 GPS 接收机到 GPS 卫星的几何距离，故称其为伪距，用 $\tilde{\rho}$ 来表示。若用 Δt_k、Δt_j 表示 GPS 卫星和 GPS 接收机时钟相对于 GPS 时间的误差改正数；δ_I 表示信号在大气中传播的延迟改正数，则有

$$\rho = \tilde{\rho} + c(\Delta t_k + \Delta t_j) + \delta_I$$

式中，Δt_k——卫星钟误差改正数，可由 GPS 卫星发出的导航电文给出；

δ_I——电离层改正数，可由导航电文给出的数据计算出来；

Δt_j——未知数；

ρ——GPS 接收机到 GPS 卫星的几何距离。

设(Xs, Ys, Zs)为 GPS 卫星在大地坐标系中的坐标，可由 GPS 卫星发出的导航电文计算得到，(X, Y, Z)为 GPS 接收机天线（待测点）在大地坐标系中的坐标，是待求的未知量，则 ρ 可表示为

$$\rho = \sqrt{(X_S - X)^2 + (Y_S - Y)^2 + (Z_S - Z)^2}$$

因此，有

$$\sqrt{(X_S - X)^2 + (Y_S - Y)^2 + (Z_S - Z)^2} = \tilde{\rho} + c(\Delta t_k + \Delta t_j) + \delta_I \quad (5\text{-}17)$$

由式（5-17）可知，每个伪距观测方程中仅含有 X、Y、Z、Δt 这 4 个未知数。

在任一测站上，只要同时对 4 颗 GPS 卫星进行观测，取得 4 个伪距观测值 ρ，即可解算出 4 个未知数，从而求出待测点的坐标(X, Y, Z)。当同时观测的 GPS 卫星数多于 4 颗时，可用最小二乘法进行平差处理。

（3）载波相位测量。

载波相位测量，顾名思义是指利用 GPS 卫星发射的载波作为测距信号。由于载波的波长比测距码的波长短得多，因此对载波进行相位测量就可得到较高的测量定位精度。载波相位测量定位解算比较复杂，因为在实际工作中并不需要用户列方程计算，所以这里仅介绍其基本原理。

若不考虑卫星钟差、接收机钟差、大气中电离层和对流层造成的信号传播延迟等误差的影响，则在任一时刻 t 可以测定 GPS 卫星载波信号在 GPS 卫星处某时刻的相位 φ_s 与该信号到达待测点天线时刻的相位 φ_r 间的相位差，即

$$\varphi = \varphi_r - \varphi_s = N \cdot 2\pi + \delta_\varphi$$

式中，N——信号的整周期数；

δ_φ——不足一个整周期的相位差。

GPS 卫星与待测点天线间的距离可由相位差表示为

$$\rho = \frac{c}{f}\frac{\varphi}{2\pi} = \frac{c}{f}\left(N + \frac{\delta_\varphi}{2\pi}\right)$$

若考虑卫星钟差、接收机钟差、大气中电离层和对流层造成的信号传播延迟等误差的影响，则式（5-18）又可写为

$$\rho = \frac{c}{f}\left(N + \frac{\delta_\varphi}{2\pi}\right) + c(\delta t_k + \delta t_j) + \delta_I$$

或写为

$$\Delta\varphi = \frac{f}{c}(\rho - \delta_I) - f(\delta t_k + \delta t_j) - N$$

式中，$\Delta\varphi$——相位差不足一个整周期的小数部分，$\Delta\varphi = \delta_\varphi / 2\pi$。

由于相位测量只能测定不足一个整周期的相位差 δ_φ，无法直接测得整周期数 N，因此载波相位测量的解算比较复杂。N 又称整周模糊度，它可由多种方法求出。N 的确定是载波相位测量中特有的问题，也是进一步提高定位精度和作业效率的关键所在。

载波相位测量是利用 GPS 卫星载波波长为单位进行的，GPS 卫星所用的 L1 载波和 L2 载波波长分别为 19.032cm、24.420cm，如果测相的精度达到百分之一，则测量的分辨率可分别达到 0.19cm 和 0.24cm，测距中误差分别为±(3mm～5mm)和±(3mm～7mm)，从而保证

了测量定位的高精度。在处理载波相位观测值时，考虑到GPS定位时的误差来源，当前普遍采用对相位观测值进行线性组合的方法（差分法），其具体形式有三种：一次差分（单差法）、二次差分（双差法）、三次差分（三差法）。一次差分后两台 GPS 接收机的公共项，即卫星钟差的影响被消除。卫星轨道误差、大气传播误差对两个测站同步观测的影响因具有相关性而被明显减弱，尤其当基线较短时，这种有效性更为显著。二次差分除消除了卫星钟差的影响以外，还消除了GPS接收机钟差的影响。这是二次差分模型的主要优点，同时二次差分也大大减小了其他误差的影响。二次差分是GPS向量解算中常用的一种形式。在三次差分中，又消除了整周未知数。但由于三次差分模型中未知参数的数目较少，因此独立的观测值方程的数目也明显减少，这对未知数的解算将会产生不良的影响，使精度降低。正是由于这个原因，通常将消除了整周未知数的三次差分结果，仅用作前两种方法结果的近似值，在实际工作中常采用二次差分方程进行解算。

5.5.4 GPS 定位方法

根据待测点的运动状态，GPS 定位方法可分为静态定位和动态定位。按定位的模式不同，GPS 定位方法又可分为绝对定位、相对定位和差分定位。

1. 静态定位和动态定位

静态定位是指在定位过程中，GPS 接收机天线（待测点）的位置相对于周围地面点而言处于静止状态；动态定位是指在定位过程中，GPS 接收机天线（待测点）的位置相对于周围地面点而言处于运动状态，也就是说，定位结果是连续变化的，如用于飞机、轮船的导航定位。静态定位是通过大量的重复观测来提高定位精度的，是一种高精度的定位方法。动态定位是发展迅速、应用较广的一种定位方法，其中实时动态（Real Time Kinematic，RTK）技术是 GPS 测量技术与数据传输技术相结合的一种新的 GPS 定位技术。PTK 测量的基本做法是在基准站上安置一台 GPS 接收机，对所有可见的 GPS 卫星进行连续观测，并将其观测数据通过无线电传播设备实时地发送到动态用户站，从而可实时、高精度地解算用户站的三维坐标。

2. 绝对定位和相对定位

绝对定位又称单点定位，是指在一个待测点上，用一台 GPS 接收机独立跟踪 GPS 卫星，以测定待测点的绝对坐标的定位方法，如图 5-28 所示。绝对定位一般采用伪距测量方法。

采用伪距测量方法进行绝对定位，是指利用 GPS 接收机在某一时刻测定的 4 颗及以上 GPS 卫星的伪距和从 GPS 卫星的导航电文中获得的 GPS 卫星位置，采用距离交会法求出待测点的三维坐标。其优点是只需用一台 GPS 接收机即可独立确定待测点的绝对坐标。

由于绝对定位受卫星钟差、接收机钟差、大气中电离层和对流层造成的信号传播延迟等误差的影响，因此绝对定位精度较低。C/A 码伪距绝对定位精度一般为 25m，P 码伪距绝对定位精度为 10m。在观测时间加长至 3h 的条件下，绝对定位精度可达 10～20m，难以满足高精度测量定位工作的要求。但由于绝对定位观测方便、速度快、无多值性问题、数据处理较简单，因此绝对定位在运动载体的导航定位中仍应用较多，一般多用于船舶、飞机、勘探、海洋作业等领域。

相对定位是用两台 GPS 接收机在两个测站上同步跟踪相同的 GPS 卫星信号，以求两台 GPS 接收机之间相对位置的方法，如图 5-29 所示。两点间的相对位置也称为基线向量，在 GPS 观测中常用 WGS-84 坐标系下的三维直角坐标差($\Delta X, \Delta Y, \Delta Z$)表示，也可用大地坐标之差($\Delta B, \Delta L, \Delta h$)表示。若其中一个端点的坐标已知，则可推算另一个待测点的坐标。相对定位方法也适用于将多台 GPS 接收机安置在若干条基线的端点处，通过同步观测以确定多条基线向量的情况。由于在测量过程中通过重复观测取得了充分的多余观测数据，因此提高了定位精度。

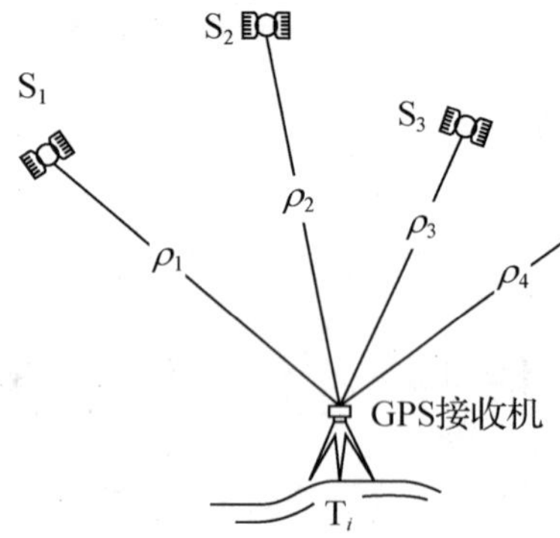

图 5-28　绝对定位

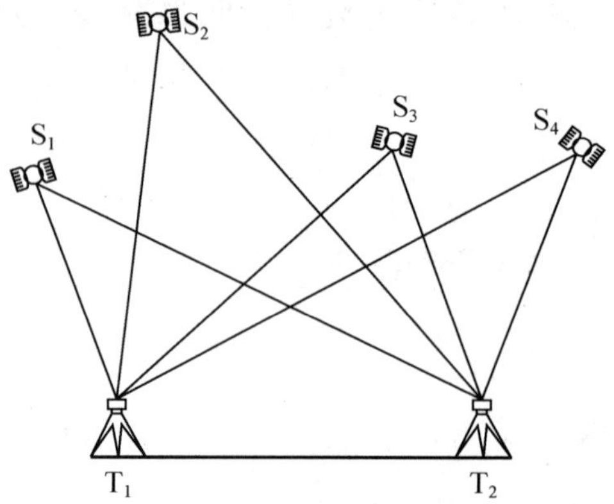

图 5-29　相对定位

3. 差分定位

当利用 C/A 码伪距绝对定位对运动物体进行实时定位时，由于 GPS 定位精度受卫星钟差、接收机钟差、大气中电离层和对流层造成的信号传播延迟等误差的影响，因此绝对定位精度很低。为提高实时定位精度，可采用差分定位方法。

差分定位的原理是在已有精确地心坐标点（称为基准站）上安置 GPS 接收机，利用已知地心坐标和卫星星历计算 GPS 观测值的校正值，并通过无线电通信设备（称为数据链）将校正值发送给运动中的 GPS 接收机（称为流动站）。流动站利用校正值对自己的 GPS 观测值进行修正，以消除上述误差，从而提高实时定位精度，如图 5-30 所示。

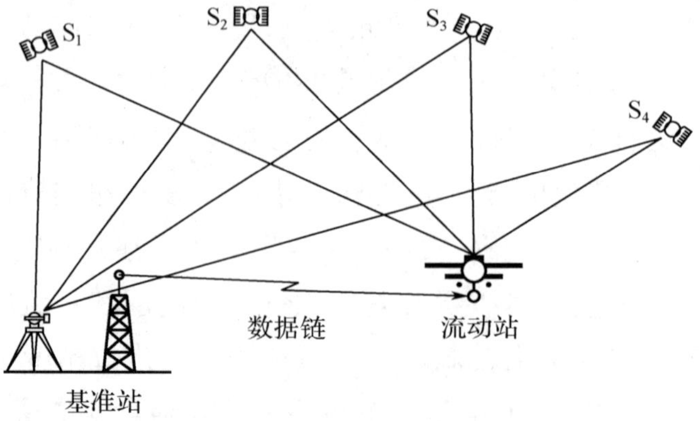

图 5-30　GPS 实时差分定位

5.5.5 GPS-RTK 动态测量

RTK 技术是 GPS 测量技术与数据传输技术相结合的载波相位实时动态差分定位技术，它能够实时地提供测站点在指定坐标系统中的三维定位结果。RTK 技术近年来发展比较迅速，在控制测量、地形测图、工程选线及工程放样中应用广泛。与常规技术相比，RTK 技术非常明显地提高了定位精度和作业效率。GPS-RTK 动态测量实施过程与常规测量一样，包括方案设计、外业测量和内业数据处理三大部分。下面以科力达（KOLIDA）RTK K9-V 为例，介绍 GPS-RTK 外业数据采集及放样工作。

1. 基准站部分

（1）基准站安装。

在基准站架设点上安置基准站主机，并进行对中、整平；安置发射天线和电台，注意电源的正负极必须连接正确，如图 5-31 所示。

（2）基准站主机操作。

① 打开基准站主机。

轻按电源键打开基准站主机，基准站主机开始自动初始化和搜索卫星，当卫星颗数和卫星质量达到要求后（大约用时 1min），基准站主机上的 DL 指示灯开始 5s 快闪 2 次，表明基准站开始正常工作，如图 5-32 所示。

② 打开电台。

轻按电台上的“ON/OFF”按钮，当基准站主机上的 DL 指示灯开始 5s 快闪 2 次时，电台上的 TX 指示灯会开始每秒闪 1 次，此时基准站部分开始正常工作，如图 5-33 所示。

图 5-31 基准站

图 5-32 基准站主机

图 5-33 电台

2. 流动站部分

（1）流动站安装。

将流动站主机接在碳纤对中杆上，并将接收天线接在流动站主机顶部，同时将手簿使用托架夹在对中杆的合适位置。

（2）流动站主机与手簿操作。

① 打开流动站主机。

轻按电源键打开流动站主机，流动站主机开始自动初始化和搜索卫星，当达到一定的条件后，流动站主机上的 DL 指示灯开始每秒闪 1 次（前提是基准站正常发射差分信号），表明已经接收到基准站差分信号。

② 打开手簿，启动工程之星软件，在确保蓝牙连接和接收到差分信号后，开始新建工程，选择向导，依次按要求填写或设置如下工程信息：工程名称、椭球系名称、投影参数设置、四参数设置（七参数设置）、高程拟合参数设置；利用控制点坐标库数据求参数或校正向导进行校正；校正完毕后进行坐标数据采集、传输及放样工作。

素养提升

新时代北斗精神是中国航天人在建设北斗系统过程中表现出来的“自主创新、开放融合、万众一心、追求卓越”的新时代精神。2020 年 7 月 31 日，北斗三号全球卫星导航系统建成暨开通仪式在北京举行。该系统已经向共建“一带一路”国家和地区亿级以上用户提供服务，相关产品出口 120 余个国家和地区。

习近平总书记在参观北斗系统建设发展成果展览展示时强调指出：“26 年来，参与北斗系统研制建设的全体人员迎难而上、敢打硬仗、接续奋斗，发扬‘两弹一星’精神，培育了新时代北斗精神，要传承好、弘扬好。”直面中华民族伟大复兴战略全局和世界百年未有之大变局，我们肩负着薪火相传、继往开来的艰巨责任，一定要传承好、弘扬好新时代北斗精神，在实现中华民族伟大复兴之路上积聚起更加磅礴的力量。集中力量，才能保证重点；集中资源，才能实现突破。伟大事业催生伟大精神，伟大精神推动伟大事业。唯有传承好、弘扬好新时代北斗精神，方能使其更加闪耀。

技能实训

1．三北方向是指哪三北？是如何定义的？

2．直线定向的概念是什么？

3．已知 A 点的坐标为(541.25, 685.37)，AB 边的边长为 75.25m，AB 边的坐标方位角 α_{AB} 为 50°30′，试求 B 点的坐标。

4．已知 A、B 两点的坐标分别为 A(500.00, 850.87)，B(325.14, 983.65)，试计算 AB 边的边长及 AB 边的坐标方位角。

5. 常见的导线布设形式有哪几种？各有什么特点？

6. 简述测量的外业工作。

7. 全站仪的特点有哪些？

8. 为什么 GPS 定位技术有广阔的应用领域？

9. 什么是 GPS？它主要由哪几部分组成？各部分的作用是什么？

10. 什么是伪距测量？简述采用伪距测量方法进行绝对定位的原理。

11. 在一个测站上至少要接收几颗 GPS 卫星的信号才能确定该点在大地坐标系中的三维坐标？为什么？

12. 什么是静态定位和动态定位？

13. 什么是绝对定位和相对定位？各适用于什么场合？

14. 差分定位的特点是什么？为什么能取得高精度的结果？

15. 写出 GPS-RTK 动态测量的主要步骤。

项目 6

大比例尺地形图测绘

知识目标

了解地形图中比例尺的概念和表示方法；了解地形图的分幅与编号规则；了解地形图的图名、图号、图廓及接合图表；了解地物符号的分类，即比例尺符号、非比例尺符号、半比例尺符号和地物注记；了解等高线的概念和特点；了解碎部测量的步骤。

能力目标

能够进行比例尺相关的计算；掌握等高线的绘制方法；掌握碎部测量的准备工作和实施细则。

项目导入

大比例尺地形图测绘是测绘工作的主要成果之一。本项目内容丰富，知识点较多。通过本项目的学习，同学们可以系统地了解地形图的相关知识，以及传统的大平板地形图测绘的具体方法。

任务6.1 地形图的基本知识

在线课：认识地形图

地球表面是复杂多样的。其中，地球表面固定不动的物体称为地物，如河流、湖泊、道路、建筑等；地球表面高低起伏的形态称为地貌。地物和地貌合称为地形。地形图是将一定区域内的地物和地貌用正投影的方法按照一定的比例尺缩小并用规定的符号及方法表达出来的图形。地形图中包括地物和地貌的平面位置及它们的高程。仅表达地物的平面位置，而省略表达地貌的图，称为平面图。

在线课：比例尺

6.1.1 比例尺

地形图上某条线段的长度与地面上相应线段的水平长度之比，称为地形图的比例尺。根据具体的表示方法不同又可以分为不同种类的比例尺。

1. 测图比例尺

地形图上某条线段的长度与地面上相应线段的水平长度 D 之比，通常换算为用分子为 1 的分数表示的形式，这种形式称为测图比例尺，即 $1/M$，其中 M 称为比例尺分母。

常用的测图比例尺主要分为以下几类。

（1）数字比例尺：$1/M$。

数字比例尺一般用分子为 1 的分数形式表示。设地形图上某条线段的长度为 d，地面上相应线段的水平长度为 D，则该地形图的数字比例尺为

$$\frac{d}{D}=\frac{1}{\frac{D}{d}}=\frac{1}{M}$$

式中，M——比例尺分母。

当地形图上 1cm 代表地面上水平长度 10m（1000cm）时，数字比例尺就是 1/1000。由此可见，分母 1000 就是将实地水平长度缩绘在地形图上的倍数。

数字比例尺的大小是以数字比例尺的比值来衡量的，比值越大（分母 M 越小），数字比例尺越大。为了满足经济建设和国防建设的需要，人们测绘和编制了不同数字比例尺的地形图。通常称 1 : 1 000 000、1 : 500 000、1 : 200 000 的地形图为小比例尺地形图，称 1 : 100 000、1 : 50 000、1 : 25 000 和 1 : 10 000 的地形图为中比例尺地形图，称 1 : 5000、1 : 2000、1 : 1000 和 1 : 500 的地形图为大比例尺地形图。建筑类各专业通常使用大比例尺地形图。按照《地形图图式》的规定，数字比例尺应书写在图纸下方正中央位置。

（2）图示比例尺。

为了用图方便，以及减弱由图纸伸缩而引起的误差，在绘制地形图时，常在图上绘制图示比例尺。在绘制 1 : 1000 的图示比例尺时，先在图上绘两条平行线，再将其分成若干相等的线段，该线段称为比例尺的基本单位，其长度一般为 2cm，最后将左端的一段基本单位又分成十等份，每等份的长度相当于实地水平长度 2m，而每段基本单位所代表的实地水平长度为 2cm×1000=20m，如图 6-1 所示。

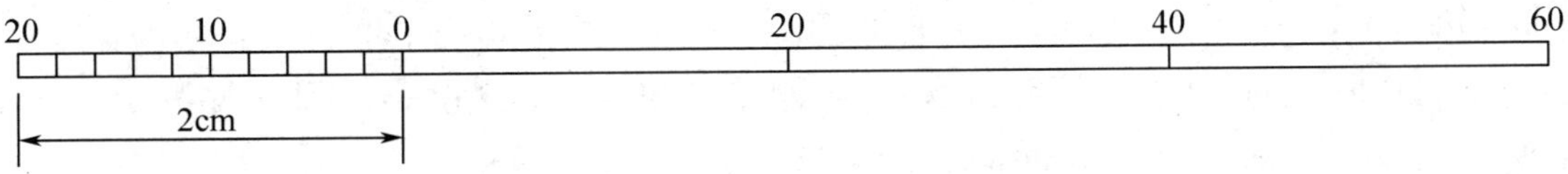

图 6-1 图示比例尺

2. 地形图分类

（1）大比例尺地形图：1 : 500、1 : 1000、1 : 2000、1 : 5000 的地形图。

（2）中小比例尺地形图：1 : 10 000、1 : 25 000、1 : 50 000、1 : 100 000 的地形图。

（3）小比例尺地形图：小于 1 : 100 000 的地形图。

3. 比例尺精度

一般认为，人的肉眼能分辨的图上最小距离是 0.1mm，因此通常把图上 0.1mm 所表示的实地水平长度称为比例尺精度。根据比例尺精度，可以确定在测图时量距应准确到什么程度。例如，在测绘 1 : 1000 的地形图时，其比例尺精度为 0.1m，故量距的精度为 0.1m，小于 0.1m 在图上表示不出来。另外，当设计规定了需要在图上能量出的实地最短水平长度时，根据比例尺精度，可以确定测图比例尺。比例尺越大，表示地物和地貌的情况越详细，精度越高。但是必须指出，同一测区，采用较大比例尺测图相比采用较小比例尺测图的工作量和投资将增加数倍，因此采用哪种比例尺测图，应从工程规划、施工实际需要的精度出发，不应盲目追求更大比例尺的地形图。

工程中常用的几种大比例尺地形图的比例尺精度如表 6-1 所示。

表 6-1　工程中常用的几种大比例尺地形图的比例尺精度

比例尺	1 : 500	1 : 1000	1 : 2000	1 : 5000
比例尺精度/m	0.05	0.10	0.20	0.50

6.1.2　地形图的分幅与编号

在线课：地形图的分幅与编号

地形图的分幅与编号主要有两种：一种是按经线和纬线划分的梯形分幅与编号，主要用于中小比例尺的国家基本图的分幅；另一种是按坐标格网划分的矩形分幅与编号，用于大比例尺地形图的分幅。本节主要介绍矩形分幅与编号。

1 : 5000～1 : 500 的大比例尺地形图通常采用矩形分幅，其中 1 : 5000 的地形图采用 40cm×40cm 的正方形分幅；1 : 500、1 : 1000、1 : 2000 的地形图一般采用 50cm×50cm 的正方形分幅或 40cm×50cm 的矩形分幅。

矩形分幅的编号方法主要有以下三种。

1. 坐标编号法

图号一般采用该图幅西南角坐标的千米数进行编号，x 坐标在前，y 坐标在后，中间用短线连接。例如，1 : 5000 的地形图，其西面角坐标为 x=6.0km，y=2.0km，因此编号为“6-2”；格网Ⅰ为 1 : 2000 的地形图，其西面角坐标为 x=7.0km，y=2.0km，因此编号为“7.0-2.0”；格网Ⅱ为 1 : 1000 的地形图，其西面角坐标为 x=6.5km，y=3.0km，因此编号为“6.5-3.0”；格网Ⅲ为 1 : 500 的地形图，其西面角坐标为 x=6.25km，y=3.50km，因此编号为“6.25-3.50”。

2. 数字顺序编号法

如果测区范围比较小，图幅数量少，则可采用数字顺序编号法。编号时一般按照从左到右、从上到下用数字 1、2、3……编定。对于特定地区，也可以对行用代号 A、B、C……从上到下编定，对列用数字 1、2、3……从左到右编定，编号时先行后列。

3. 以 1∶5000 的地形图图号为基础的编号法

在较大区域，由于面积较大，而且要测绘有几种不同比例尺的地形图，因此编号时可以 1∶5000 的地形图图号为基础，并将其作为包括在本图幅中的较大比例尺图幅的基本图号。基础图幅以西南角坐标后加罗马数字Ⅰ、Ⅱ、Ⅲ进行编号，如图 6-2 所示。

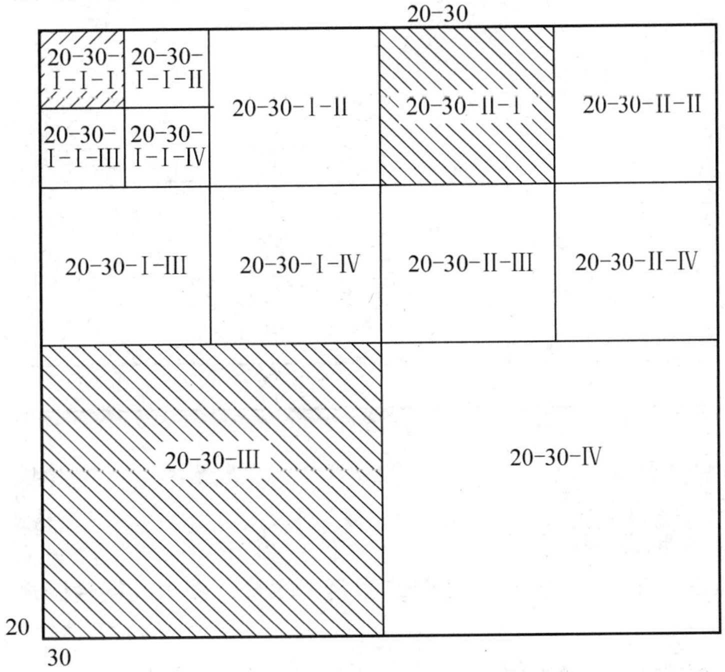

图 6-2 大比例尺地形图正方形分幅

6.1.3 地形图的图名、图号、图廓及接合图表

1. 图名

图名是指一幅地形图的名称，一般用图幅中最具有代表性的地名、景点名、居民地或企事业单位名称命名，并标在图纸的上方正中央位置。

2. 图号

为了便于贮存、检索和使用系列地形图，每张地形图除有图名外，还编有一定的图号，图号是该地形图相应的分幅编号，标在图名和外图廓线之间。

3. 图廓

图廓有内图廓和外图廓之分。内图廓线就是坐标格网线，它是图幅的实际边界线，线粗 0.1mm；外图廓线是图幅的最外边界线，实际上是图纸的装饰线，线粗 0.5mm。内、外图廓线相距 12mm，以便进行标注坐标。

4. 接合图表

接合图表是表示本图幅与四邻图幅的相邻关系的图表，表中注有邻接图幅的图名或图号，它绘在本幅图的上图廓的左上方，如图 6-3 所示。

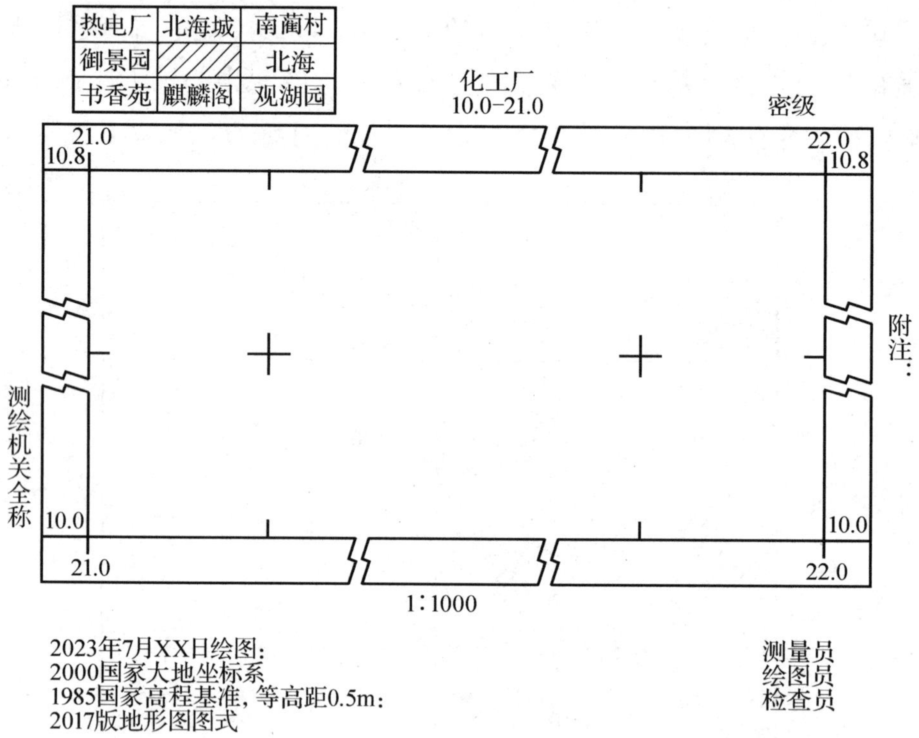

图 6-3　大比例尺地形图的图名、图号、图廓及接合图表

6.1.4　地物和地貌在图上的表示

为了便于测图和识图，可以用各种简明、准确、易于判断实物的图形或符号，将实际的地物和地貌在图上表示出来，这些符号统称为地形图图示。地形图上的地物和地貌都采用符号表示，一般分为 3 类，即地物符号、地貌符号和注记符号。地物符号与地貌符号表示相应的物体及地势起伏，而注记符号则是前两种符号的补充说明，以文字、数字或特定符号加以说明，注记符号包括地物注记和地貌注记。

1. 地物符号

在线课：地物符号

在地形图上表示各种地物的形状、大小和它们的位置的符号，即表示地物的符号属性的符号，称为地物符号，主要包括测量控制点、水系、居民地及设施、交通、管线、境界等。

根据地物特性、用途、形状、大小和描绘方法的不同，可将地物符号分为比例尺符号、非比例尺符号、半比例尺符号和地物注记。

（1）比例尺符号。

地物按比例尺缩小后，其长度和宽度能用比例尺表示，这样的地物符号称为比例尺符号，如房屋、花园、草地等。此类地物的形状和大小均按比例尺缩小，并用规定的符号绘在图纸上，用比例尺符号表示。比例尺符号能表示地物的位置、形状和大小。

（2）非比例尺符号。

地物按比例尺缩小后，其长度和宽度不能用比例尺表示，在本部分中符号旁标注符号长度、宽度尺寸值，这样的地物符号称为非比例尺符号，如烟囱、窨井盖、测量控制点等。此类地物轮廓较小，无法将其形状和大小按比例尺缩绘到图上，但其又非常重要，因而采用非比例尺符号表示。非比例尺符号只表示地物的中心位置，而不能反映地物实际的大小。

（3）半比例尺符号。

地物按比例尺缩小后，其长度能用比例尺表示而宽度不能用比例尺表示，在本部分中符号旁只标注宽度尺寸值，这样的地物符号称为半比例尺符号。半比例尺符号一般用来表示线状地物，因此也常被称为线性符号。例如，对一些带状狭长地物，如管线、公路、铁路、河流、围墙、通信线路等，其长度可按比例尺缩绘，而宽度要按规定尺寸绘出，常用半比例尺符号表示。半比例尺符号的中心线代表地物的中心线。

（4）地物注记。

用文字、数字或特有符号对地物加以说明，称为地物注记。例如，对城镇、工厂、河流、道路的名称，桥梁的长度、宽度及载重量，江河的流向、流速及深度，道路的去向，以及森林、果树的类别等，都以文字、数字或特定符号加以说明，这些都是地物注记。

2. 地貌符号

在地形图上最常用的表示地面起伏变化的方法是等高线法，等高线是常见的地貌符号。梯田、峭壁、冲沟等特殊的地貌不便用等高线表示，可根据《地形图图式》绘制相应的符号。

在线课：地貌符号

（1）等高线的概念。

等高线是地面上高程相等的相邻各点连成的闭合曲线，也就是水准面与地面相交的曲线。

（2）等高距和等高线平距。

在地形图上，相邻两等高线之间的高差称为等高距（或称为等高线间隔），用 h 表示。相邻等高线之间的水平距离称为等高线平距，用 d 表示。地面的坡度可以表示为

$$i = \frac{h}{dM} \tag{6-1}$$

在同一幅地形图上只能有一个等高距，通常按比例尺和测区地形类别确定测图的基本等高距。式（6-1）表明，i 与 d 成反比，即在地形图上，等高线越密集，地面坡度越大；等高线越稀疏，地面坡度越小。

（3）典型地貌的等高线。

地貌的形态多种多样，仔细分析可以发现，它们主要由以下几种典型的地貌综合而成。

① 山和盆地。

如图 6-4（a）所示，较四周显著凸起的高地叫山，大者叫山岳，小者叫山丘。山的最高处叫山顶，尖的山顶叫山峰。如图 6-4（b）所示，四周高中间低的洼地叫盆地。盆地的最低处叫盆底。盆地没有泄水道，水都停滞在盆地最低处。湖泊实际上是汇集了水的盆地。

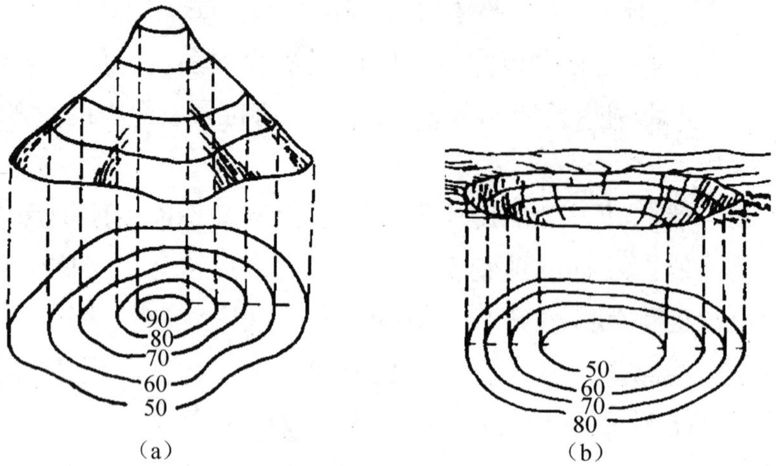

图 6-4　山和盆地

② 山脊和山谷。

山的凸棱由山顶延伸至山脚者叫山脊，山脊最高的棱线叫山脊线（或分水线），如图 6-5（a）所示。两山脊之间的凹部叫山谷，如图 6-5（b）所示。山谷两侧叫谷坡。两谷坡相交处叫谷底。谷底最低点连线叫山谷线（又称合水线）。谷地与平地相交处叫谷口。

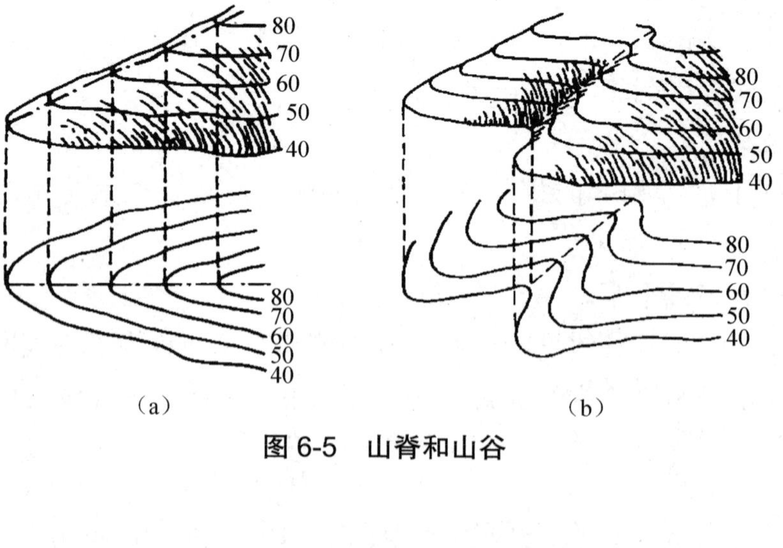

图 6-5　山脊和山谷

③ 鞍部。

鞍部是相邻两山之间呈马鞍形的低凹部位，如图 6-6 所示。鞍部的等高线是由两组相对的山脊和山谷等高线组成的，即在一圈大的闭合曲线内套有两组小的闭合曲线。

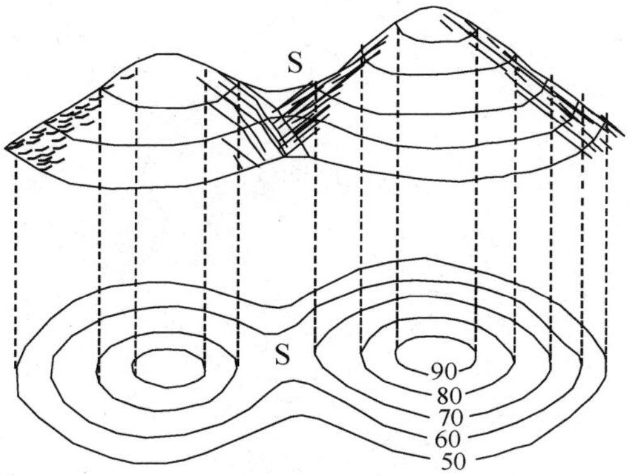

图 6-6　鞍部

④ 陡崖和悬崖。

陡崖是坡度在 70° 以上的陡峭崖壁，有石质和土质之分。图 6-7 是石质陡崖的表示符号。悬崖是上部突出，下部凹进的陡崖，这种地貌的等高线出现相交情况。俯视时隐蔽的等高线用虚线表示。

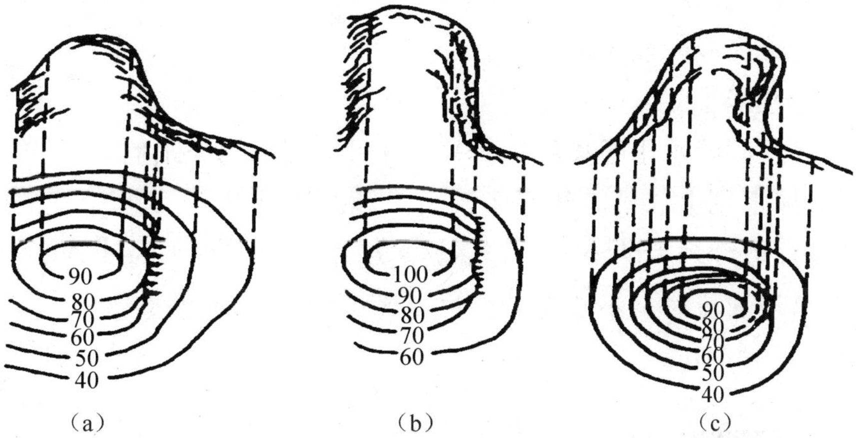

图 6-7　陡崖和悬崖

（4）等高线分类。

为了更好地表示地貌的特征，以便于识图、用图，在地形图上主要采用下列 3 种等高线，如图 6-8 所示。

① 首曲线（又称基本等高线），即按基本等高距测绘的等高线。

② 计曲线（又称加粗等高线），即每隔 4 条首曲线加粗描绘的一条等高线。采用计曲线的目的是使计算高程方便。

③ 间曲线（又称半距等高线），即按 1/2 基本等高距测绘的等高线，用于显示首曲线不能显示的地貌特征。对于平地，当首曲线过稀时，可加测间曲线。间曲线可以不闭合，但一般应对称。

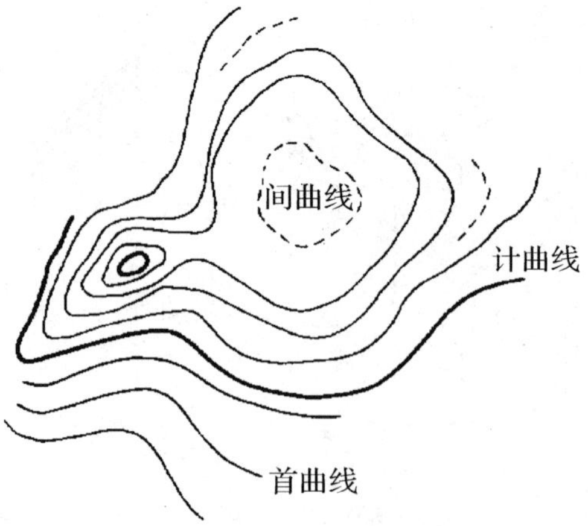

图 6-8 等高线的分类

（5）等高线的规律和特性。

等高线的规律和特性可归纳为如下几条。

① 在同一条等高线上的各点高程相等。

② 等高线是闭合的曲线。

③ 不同高程的等高线一般不能相交。

④ 等高线与地性线正交。

⑤ 两条等高线之间的水平距离称为等高线平距，等高线平距的大小与地面坡度的大小成反比。在同一幅地形图上，等高线平距越大，地面坡度越小；等高线平距越小，地面坡度越大。换句话说，坡度越大的地方，等高线越密集；坡度越小的地方，等高线越稀疏。

⑥ 等高线在跨越河流时，不能直穿而过，而要绕经上游通过。

任务6.2 大比例尺地形图的测绘

6.2.1 测图前的准备工作

1. 分幅

地形图的图幅一般有 40cm×40cm、40cm×50cm 和 50cm×50cm 三种。每个图幅所能测绘的实地范围等于图幅面积乘以比例尺分母的平方。当测区面积或某个方向的长度超出一个图幅所能容纳的范围时，必须分幅进行测绘。可先在印有毫米方格的坐标纸上按较小比例尺展绘出所有控制点，并根据控制点标绘出需测范围的大致边线，然后按比例尺和图幅大小分幅，使每幅图 4 个图廓点的纵、横坐标均为 10m 的整数倍。

2. 展绘控制点

选定一定图幅的标准图纸，根据比例尺和分幅编号，在格网四周标注出各相应格网线的坐标值，如图 6-9 所示。

在展绘控制点时，先根据控制点的坐标确定该点所在的方格，然后以控制点的坐标与该方格左下角顶点的坐标之差进行展绘，再在离开点位约 3mm 处的横线上方标注点号，横线下方标注高程。全部控制点检查无误后，在每个控制点的“+”中心用针刺细孔（称为刺点），以固定控制点在图纸上的位置。

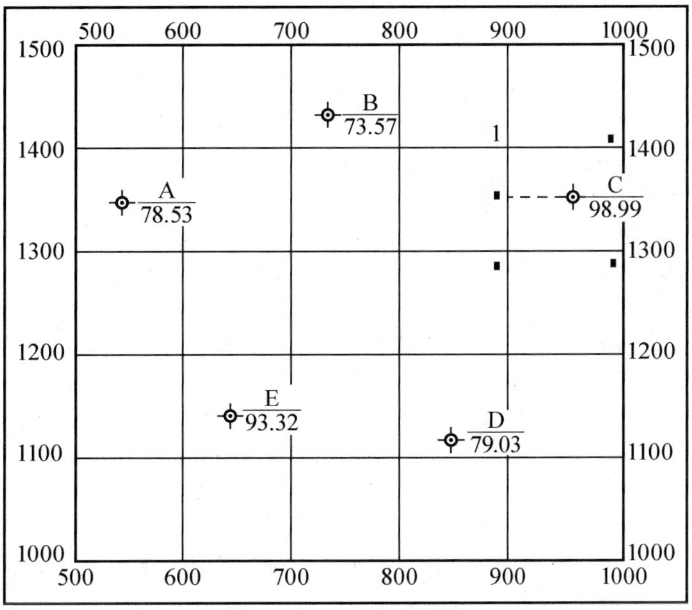

图 6-9　展绘控制点

6.2.2　碎部测量

在线课：碎部点的选择

1. 碎部点的选择

（1）地物特征点的选择。

地物特征点主要是指地物轮廓的转折点（如房屋的房角，围墙、电力线的转折点），道路河岸线的转弯点、交叉点，电杆、独立树的中心点等。连接这些特征点，便可得到与实地相似的地物形状。一般情况下，主要地物凹凸部分在图上大于 0.4mm 时均应表示出来，小于 0.4mm 时可用直线连接。

（2）地貌特征点的选择。

地貌特征点应选在最能反映地貌特征的山脊线、山谷线等地性线上，如山顶、鞍部、山脊和山谷的地形变换处、山坡倾斜变换处、山脚地形变换处等。根据这些特征点的高程勾绘等高线，即可将地貌在图上表示出来。

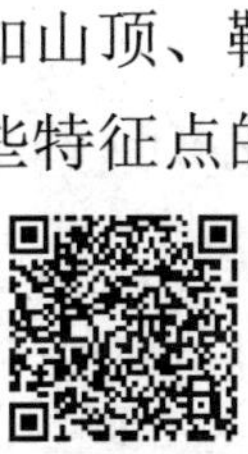

在线课：碎部测量施测方法

2. 施测方法

（1）安置仪器。

如图 6-10 所示，将经纬仪安置在控制点 A 上，经对中和整平后，量取仪器高 i，并记入碎部测量手簿。以盘左（或盘右）位置瞄准另一个控制点 B，将水平度盘置数为 $0°00'00''$，则

AB 为起始方向。

将固定了图纸的图板安置在测站附近，使图上控制点的位置与地面上相应控制点的位置大致相同。图上控制点 *A*、*B* 的连线为图上的起始方向线，将小针通过量角器圆心的小孔插在控制点 *A* 上，使量角器圆心固定在 *A* 点。

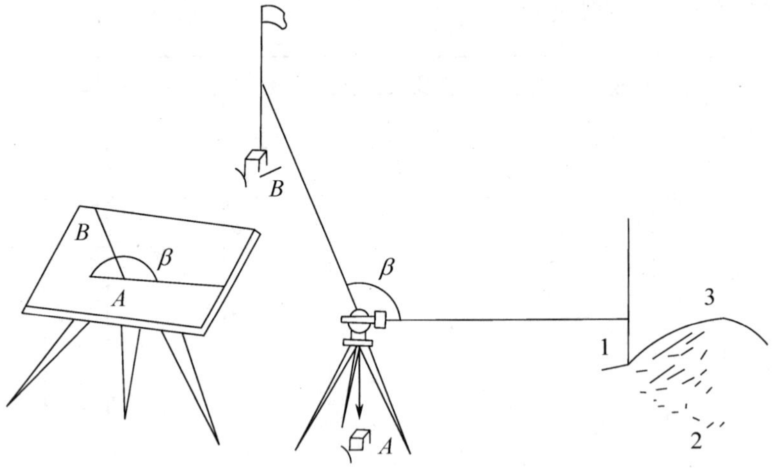

图 6-10　碎部测量的施测

（2）立尺。

在跑尺前，跑尺员与观测员、绘图员共同商定跑尺路线，并依次将标尺立在地物、地貌特征点上。

（3）观测。

观测员将经纬仪瞄准 1 点的标尺，读尺间隔，中丝读数、调节竖盘指标水准管微动螺旋使竖盘指标水准管中的气泡居中，得到竖盘读数（盘左）及水平角。

同理观测 2、3、4 等点。观测时应随时检查定向点的方向，其归零差不得超限，否则应重新定向。

（4）记录与计算。

将上述观测数据逐项记录到表相应栏内，并用视距测量计算公式计算出水平距离和高程。在备注栏内注明碎部点的名称，以方便绘图和必要时进行检查。

视距测量公式为

$$D = kn\cos^2\alpha$$
$$h_{AB} = D\tan\alpha + i - v$$

（5）展绘控制点。

绘图员转动量角器，利用量角器逆时针注记的刻划，将碎部点 1 的水平角 95° 54′角度线对准起始方向线 *AB*，此时量角器上零方向便是碎部点 1 的方向。在零方向线上，按比例尺根据水平距离 56.3m 定出 1 点的位置，并在点的右侧注明其高程，一般注至 0.1m，对 1 : 500、1 : 1000 的地形图可根据需要注至 0.01m。同理将其余各碎部点的平面位置及高程绘至图上。

（6）绘图。

参照实地情况，随测随绘，按《地形图图式》规定的符号将地物和等高线绘制出来。地形图上的连线、符号和注记一般在现场绘制、填写。

每幅图的四边均应测到图廓线外 5mm，在测绘过程中应加强测区边界线的检查，以保证相邻图幅准确拼接。

3. 注意事项

（1）应事先对所用仪器、工具进行检验与校正。

（2）测角时盘左或盘右均可。每个测站应多次检查起始方向是否为零。若归零差超限，则需要重新照准起始方向，先将水平度盘置数为 0°00′00″，再对碎部点进行逐点改正。

（3）在每个测站测绘前，应先对图上已展绘的各碎部点进行检查，点数应不少于两个，检查无误后，才能开始测绘。

（4）在描绘地物、地貌时，必须遵守“看不清不绘”的原则。

4. 等高线的勾绘

当图上有足够数量的地貌特征点时，先根据这些特征点位标注的高程，按内插法求出符合等高线高程的点位，再将这些点位按照地貌情况连绘成等高线。

（1）内插法原理。

两个特征点间的等高线到其中某个特征点的距离，等于等高线与该特征点的高差乘以两个特征点间的距离与其高差的比值，如图 6-11 所示。

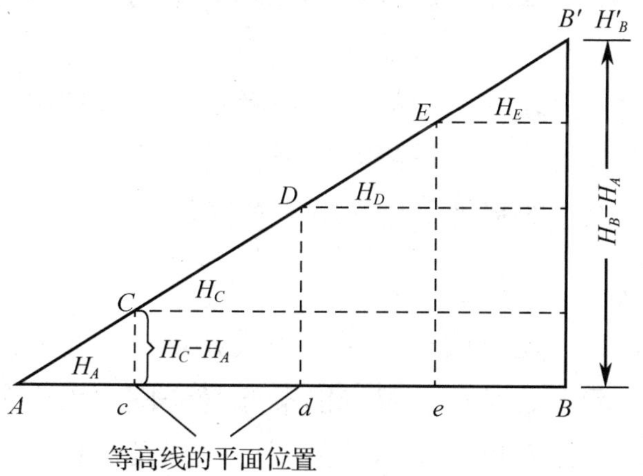

图 6-11 内插法原理示意图

（2）勾绘方法。

首先，将地性线轻轻勾绘出来，山脊线、山谷线用虚线勾绘；其次，求出相邻两地形点间等高线所经过的位置。

同理可以定出其他各相邻地形点间的等高线位置，并将高程相同的相邻地形点连成光滑的曲线，如图 6-12 所示。

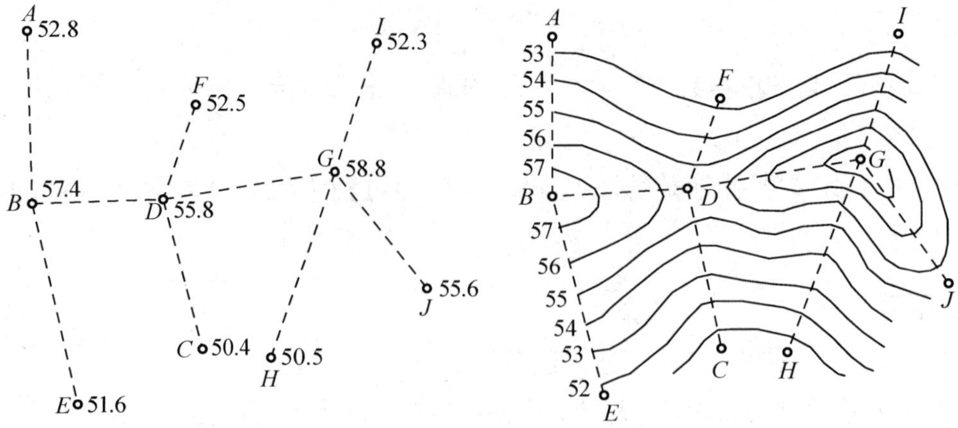

图 6-12　等高线的勾绘

5. 地形图的拼接

在分幅测图时，为了拼接方便，每幅图的四边均应测到图廓线外 5mm。拼接时先将相邻两幅图共同边界部分的图廓线、坐标方格网及其两侧距图廓线 1～1.5cm 范围内的地物和等高线描绘到一张透明纸上。然后检查它们的衔接情况，若两边地物错开不到 2mm，等高线错开不超过相邻两条等高线之间的水平距离时，则可在透明纸上进行修正（通常取两边的平均位置），使图形和线条自然地衔接。最后将透明纸上修接好的图形套绘到相邻两幅图上。如果发现错误或漏测，则应当重测或补测。

6. 地形图的检查

地形图的检查应贯彻测图过程的始终。地形图的检查可分为室内检查和室外检查两部分。

室内检查的内容包括图上地物、地貌是否清晰易读，各种符号、注记是否正确，等高线与地貌特征点的高程是否相符，接边精度是否符合要求等。

室外检查是指在室内检查的基础上进行重点抽查。

7. 地形图的整饰

原图经过拼接和检查后，还应按《地形图图式》规定的符号对地物、地貌进行清绘和整饰，使图面更加合理、清晰、美观。整饰的顺序是先图内后图外、先注记后符号、先地物后地貌。最后写出图名、比例尺、基本等高距、坐标及高程系统、施测单位、测绘者及施测日期，同时绘出接合图表。如果是独立坐标系统，则还需要绘出指北方向。

素养提升

军事测绘是为军事需要获取、提供地理、地形资料和信息的专业勤务，是国防建设和军队指挥的保障之一。其基本任务是测制与搜集军用大地测量成果和军用地图，调查与整理军事地理资料，组织实施作战和训练的测绘工作。军事测绘通常由军事测绘部门实施。

军事测绘人展现出的“热爱祖国、忠诚事业、艰苦奋斗、无私奉献”的测绘精神，是对全体测绘工作者职业精神的概括和提炼。这种精神的核心是爱国主义和奉献精神，它体现了测绘工作者对祖国的热爱、对事业的忠诚，以及在艰苦环境下无私奉献、勇攀高峰的精神。在过去，军事测绘人在国家建设中发挥了重要的作用，他们冒着生命危险进行了大量的野外测量工作，为国家的建设和发展提供了重要的基础数据和成果。同时，他们也在实践中逐渐形成了以“热爱祖国、忠诚事业、艰苦奋斗、无私奉献”为核心的测绘精神，这种精神在今天仍然具有重要的现实意义。无论是在实现国家现代化建设的宏伟目标中，还是在推动科技创新、促进经济社会发展中，军事测绘人都不忘初心、牢记使命，始终保持着对祖国的热爱和对事业的忠诚。同时，他们也在实践中不断探索、创新，为推动我国测绘事业的发展做出了重要的贡献。他们勇当先行者，穿山跨海、经天纬地，用汗水乃至生命诠释着这种精神。

技能实训

1．什么是比例尺精度？它对测图有何作用？

2．什么是地物？什么是地貌？

3．测图前的准备工作有哪些？

4．碎部点的选择有什么要求？

5．等高线的特点有哪些？

项目 7

建筑施工测量

知识目标

掌握测设的基本工作；熟悉施工场地控制测量的内容及程序；掌握建筑基线及建筑方格网的测设方法及适用情况；掌握民用建筑物定位测量、基础施工测量和墙体施工测量的方法；掌握工业建筑构件安装测量方法。

能力目标

能够熟练操作水准仪、经纬仪、全站仪完成对已知高程、水平角、水平距离的测设；能够根据施工图进行建筑物的定位测量；能够根据施工图进行基础施工测量、轴线投测、高程传递；能够进行工业建筑构件的安装测量工作；能够根据现场条件和工程要求组织施工测量工作。

项目导入

施工测量是建筑工程在施工阶段所进行的测量工作，目的是把设计的建筑物（构筑物）的平面位置和高程，按设计要求以一定的精度测设在施工场地上，作为后续施工的依据，在施工过程中进行一系列的测量工作，以衔接和指导各工序的施工。那么施工测量的基本工作包括哪些？如何利用测量仪器根据工程要求进行建筑物（构筑物）的定位放线？如何进行建筑物基础、墙体的施工测量？如何保证工业建筑构件的安装精度？如何组织施工测量工作？本项目将会针对这些问题进行详细讲解。

任务 7.1 施工测量基本知识

7.1.1 施工测量概述

施工测量贯穿于整个建筑施工过程，从场地平整、建筑物定位、基础和墙体施工，到建筑构件的安装等，都需要进行施工测量，以使建筑物（构筑物）各部分的尺寸、位置符合设计要求。有些工程竣工后，为了便于维修和扩建，还必须测出竣工图。一些特殊建筑建成后，还要定期进行变形观测，收集数据，掌握变形规律，为今后建筑物（构筑物）的设计、维护和使用提供资料。

1. 施工测量的特点

测绘地形图是指将地面上的地物、地貌测绘在图纸上，而施工测量则相反，是指将设计图纸上的建筑物（构筑物）按其设计位置测设到相应的地面上。

施工测量的测设精度取决于建筑物（构筑物）的大小、材料、用途和施工方法等因素。一般高层建筑物的测设精度应高于低层建筑物，钢结构厂房的测设精度应高于钢筋混凝土结构厂房，装配式建筑物的测设精度应高于非装配式建筑物。

施工测量与施工进度、工程质量密切相关。测量人员必须了解设计的内容、性质及其对测量工作的精度要求，熟悉图纸上的尺寸和高程数据，了解施工的全过程，掌握施工现场的变动情况，使施工测量工作能够与施工密切配合。

另外，由于施工现场工种多，交叉作业频繁，有大量土方、石方填挖，地面变动很大，而且有动力机械的震动，因此各种测量标志必须埋设在稳固且不易被破坏的位置，还应做到妥善保护、经常检查，如有破坏，应及时恢复。

2. 施工测量的基本原则

施工现场有各种建筑物（构筑物），其分布较广，并且往往不会同时开工兴建。因此，为了保证各个建筑物（构筑物）的平面位置和高程都符合设计要求，互相连成统一的整体，施工测量和测绘地形图一样，也要遵循“从整体到局部，先控制后碎部”的原则。也就是说，先在施工现场建立统一的平面控制网和高程控制网，然后以此为基础，测设出各个建筑物（构筑物）的位置。施工测量的检核工作也很重要，必须采用各种不同的方法加强外业和内业工作的检核。

3. 施工测量的准备工作

（1）在施工测量之前，应建立健全的测量组织和检查制度。

（2）对测量人员进行安全教育，要求其在工作中必须注意人身和仪器的安全，在高空和危险地区作业时，必须采取防护措施。

（3）核对设计图纸，检查总尺寸和分尺寸是否一致，总平面图尺寸和大样详图尺寸是否一致，不符之处要向设计单位提出，并进行修正。

（4）对施工现场进行实地勘察，根据实际情况编制测设详图，计算测设数据。

（5）对施工测量所使用的仪器、工具应进行检验与校正，否则不能使用。

7.1.2 测设的基本工作

测设（放样）是指在施工场地上根据设计图纸所给定的条件和有关数据，为施工做出实地标志而进行的测量工作。

测设的基本工作包括测设已知水平距离、测设已知水平角、测设已知高程。

1. 测设已知水平距离

测设已知水平距离是指从地面上一个已知点出发，沿给定的方向，量出已知（设计）的水平距离，在地面上定出这段距离另一个端点的位置。测设已知水平距离的方法有钢尺测设法、全站仪测设法、光电测距仪测设法、视距测设法等，其中在建筑工程测量中常用的是钢尺测设法和全站仪测设法。

（1）钢尺测设法。

① 一般方法。

当水平距离测设精度要求不高时，可从起始点出发，沿给定的方向，用钢尺丈量已知水平距离 $D_{设}$，定出水平距离的终点。为了检查测设是否正确，应丈量其实长 $D_{测}$，其误差 ΔD 为

$$\Delta D = D_{测} - D_{设}$$

相对误差为

$$K=\frac{|\Delta D|}{D_{设}}=\frac{1}{\dfrac{D_{设}}{|\Delta D|}} \tag{7-1}$$

为了校核，可以将钢尺移动 10～20cm，再测设一次。若两次测设的相对误差在 1/5000～1/3000 范围内，则取平均位置作为终点的最后位置。

② 精密方法。

当水平距离测设精度要求在 1/10 000 以上时，必须考虑尺长改正、温度改正和倾斜改正，还要用标准拉力拉钢尺，只有这样才能达到要求。如图 7-1 所示，A 点是起始点，D 是设计的已知水平距离。精密方法一般分为两步完成测设：第一步是按照一般方法测设该已知水平距离，在地面上临时定出另一个端点 P'；第二步是按钢尺量距的精密方法精确测量出 AP'的水平距离 D'（方法见 4.1.4 节），根据 D'与 D 的差值$\Delta D=D'-D$，沿 AP'方向进行改正。若ΔD 为正，则说明实际测设的水平距离大于设计值，应从 P'点向 A 点方向改正ΔD，得到符合要求的 P 点；若ΔD 为负，则应从 P'点向远离 A 点方向改正ΔD，再定出 P 点。这

个过程需要多次丈量校核。

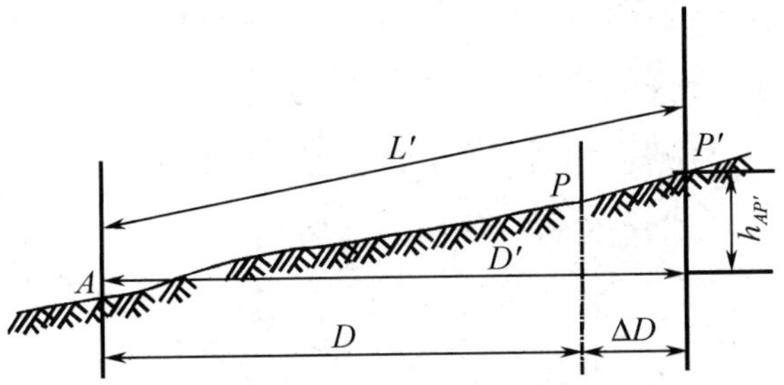

图 7-1 钢尺测设已知水平距离的精密方法

（2）光电测距仪测设法。

如图 7-2 所示，安置光电测距仪于 A 点，瞄准已知方向，沿此方向移动棱镜的位置，使光电测距仪显示值略大于应测设的水平距离 D，定出 C'点。在 C'点安置棱镜，测出棱镜的竖直角α及倾斜距离 L，计算水平距离，即

$$D'=L\cdot\cos\alpha$$

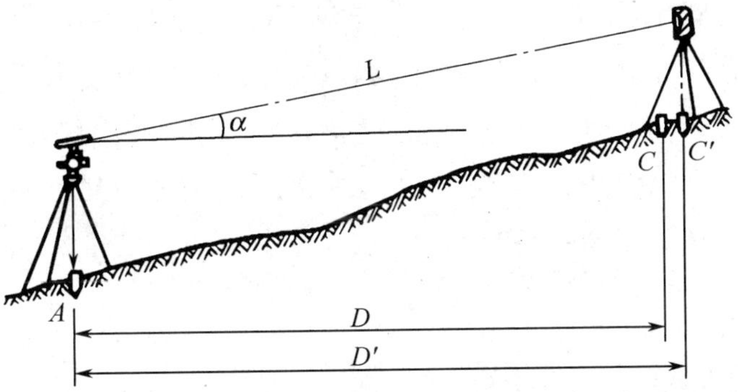

图 7-2 光电测距仪或全站仪测设已知水平距离

求出 D'与应测设的已知水平距离 D 之差，即$\Delta D=D-D'$。根据ΔD 的符号在实地用钢尺沿已知方向改正 C'点的位置至 C 点，并在木桩上标定其点位。为了检核，应将棱镜置于 C 点，实测 A、C 两点间的水平距离，并将其与已知水平距离 D 进行比较，若不符合要求，则应再次进行改正，直到测设出的水平距离符合限差要求为止。

（3）全站仪测设法。

如图 7-2 所示，安置全站仪于 A 点，进入距离测量模式，输入温度、气压和棱镜常数。照准测设方向上的另一点 C'，根据望远镜视线将棱镜立在测设方向 AC'上，按水平距离测量，根据测量的水平距离与设计的测设距离之差，前后移动棱镜，当距离之差为 0 时，打桩定出点 C，此时 A、C 两点间的水平距离即应测设的水平距离。

2. 测设已知水平角

测设已知水平角是指根据角顶点位置和一个已知边方向，按给定的水平角把该角的另一个边的方向在实地上标定出来。

（1）一般方法。

当水平角测设精度要求不高时，可采用盘左、盘右取中的方法测设。

如图 7-3 所示，在 O 点安置经纬仪，盘左照准 A 点（并将水平度盘置数为 $0°00'00''$），顺时针旋转照准部，当读数为测设水平角 β 时，沿视线方向定出 C'点，同时通过盘右定出 C''点，取 C'和 C''的中点 C，$\angle AOC$ 即应测设的水平角。

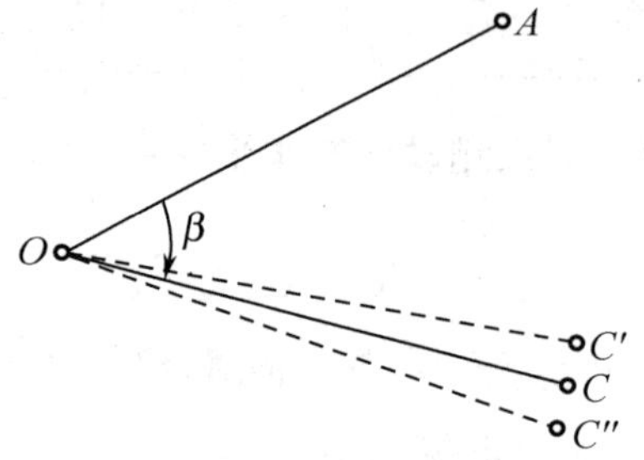

图 7-3　一般方法测设已知水平角

（2）精密方法。

当水平角测设精度要求较高时，可采用垂线支距法进行改正，即在一般方法的基础上进行垂线改正。如图 7-4 所示，已知地面上 A、O 两点，要测设水平角 β。先用一般方法测设 β 角，在地面上定出 C'点，用测回法观测$\angle AOC'$，测回数由精度要求确定，取各测回平均值 β_1 作为观测结果，设$\Delta\beta=\beta-\beta_1$，改正数为垂直距离 $C'C=OC'\times\tan\Delta\beta=OC'\times\Delta\beta''/\rho''$。然后过 C'点做 OC'的垂线，从 C'点沿垂线方向量取 $C'C$，定出 C 点（$\Delta\beta>0$ 时向外改正，$\Delta\beta<0$ 时向内改正）。

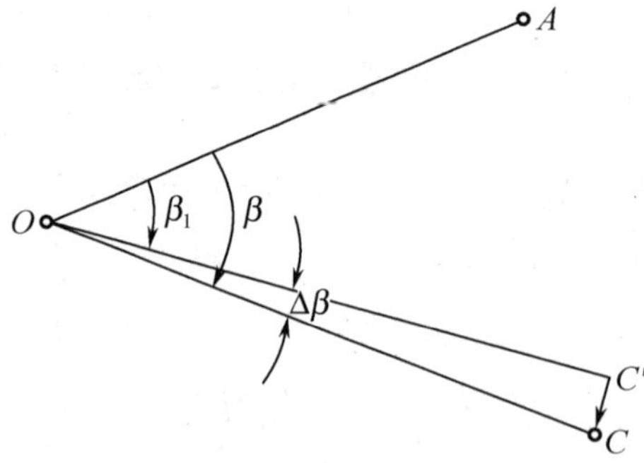

图 7-4　精密方法测设已知水平角

3. 测设已知高程

测设已知高程是指利用水准测量的方法，根据已知水准点，将设计高程测设到现场作业面上。在建筑物设计、施工中，为了使设计高程与图纸上的竖向尺寸相配合，一般以建筑物底层室内地坪标高为±0.000m，其他建筑物部位，如基础、楼板标高都是以此为依据确定的。

在线课：测设地面上已知高程点

（1）测设地面上已知高程点。

【例题 7-1】如图 7-5 所示，某建筑物底层室内地坪（标高为±0.000m）的设计高程 H_0=

4.100m，附近有一个水准点 BM_1，其高程 H_1=3.500m。要求把该建筑物底层室内地坪高程测设到木桩 A 上，作为施工时控制高程的依据。

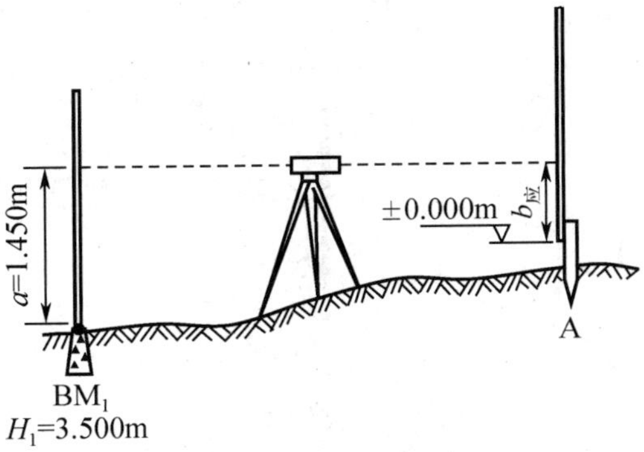

图 7-5 例题 7-1 图

测设方法如下。

① 在水准点 BM_1 和木桩 A 之间安置水准仪，在 BM_1 处立水准尺，用水准仪提供的水平视线测得后视读数 a=1.450m，此时视线高程 $H_{视}$为

$$H_{视}=H_1+a=3.500\text{m}+1.450\text{m}=4.950\text{m}$$

② 根据视线高程和室内地坪高程即可算出木桩 A 处水准尺上的应有读数 $b_{应}$为

$$b_{应}=H_{视}-H_0=4.950\text{m}-4.100\text{m}=0.850\text{m}$$

③ 在木桩 A 处立水准尺，使水准尺紧贴木桩一侧上下移动，直至水准仪水平视线在水准尺上的应有读数 $b_{应}$=0.850m 时，紧靠尺底在木桩上画一道红线，此线就是室内地坪±0.000m 标高的位置。

（2）高程传递。

当向较深的基坑或较高的建筑物上测设已知高程点时，只用水准尺已无法测设点位的高程，此时必须采用高程传递法，利用钢尺将地面水准点的高程（或室内地坪±0.000m 标高）向下或向上引测。

在线课：高程传递

如图 7-6 所示，欲在一个深基坑内设置一个点 B，使其高程为 H。地面附近有一个水准点 A，其高程为 H_A。

① 在基坑一边架设吊杆，杆上吊一个零点向下的、经检定的钢尺，钢尺的下端挂上一个重量相当于钢尺检定时拉力的重锤，放在油桶内。

② 在地面上安置一台水准仪，设该水准仪在 A 点所立水准尺上的读数为 a，在钢尺上的读数为 b。在基坑底安置另一台水准仪，设该水准仪在钢尺上的读数为 c。当 B 点水准尺底端高程为 H 时，B 点水准尺上的读数 d 应为

$$d=(H_A+a)-(b-c)-H \tag{7-2}$$

当向建筑物上部传递高程时，可沿柱、墙边或楼梯用钢尺垂直向上量取高度，将高程向上传递。

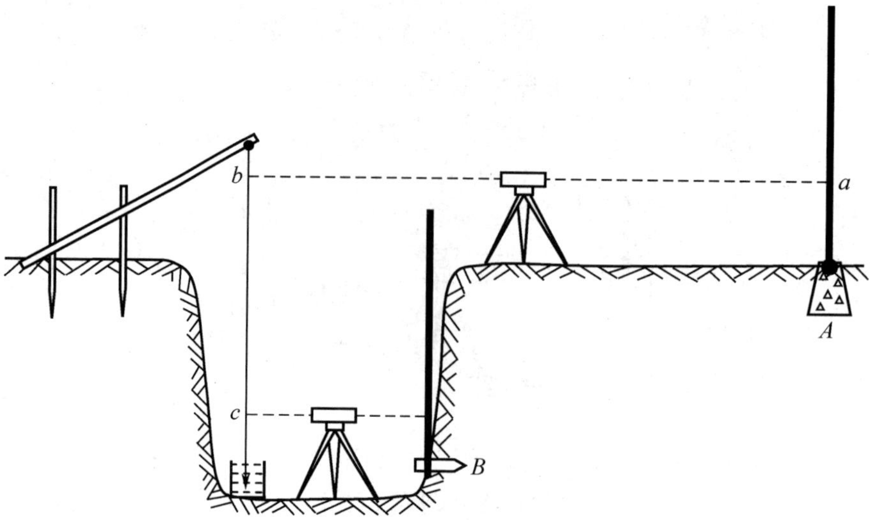

图 7-6　高程传递

（3）场地抄平。

在工程施工中，欲测设设计高程为 $H_{设}$的某施工平面，如图 7-7 所示，可先在地面上按一定的间隔长度测设方格网，用木桩定出各方格网点。然后根据测设地面上已知高程点的基本原理，由已知水准点 A 的高程 H_A 测设出设计高程为 $H_{设}$的木桩点。测设时在场地与已知点 A 之间安置水准仪，若 A 点水准尺上的后视读数为 a，则仪器视线高程 H_i 为

$$H_i=H_A+a$$

依次在各木桩处立水准尺，各木桩顶或木桩侧面水准尺上的应有读数 $b_{应}$为

$$b_{应}=H_i-H_{设}$$

此时各木桩顶或木桩侧面的标记构成的平面就是欲测设的水平面。

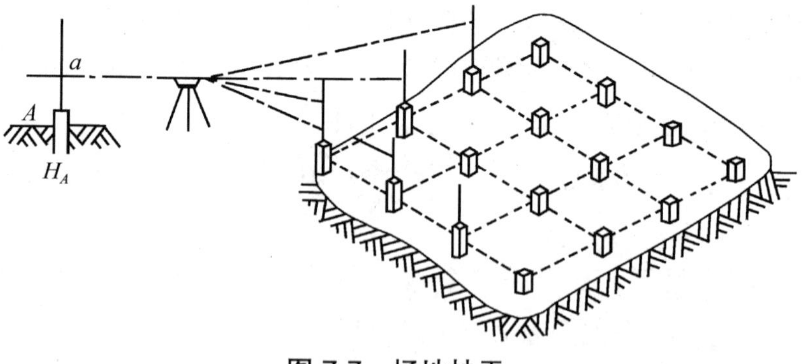

图 7-7　场地抄平

7.1.3　测设点位的基本方法

测设点位的基本方法有极坐标法、直角坐标法、角度交会法、距离交会法、全站仪坐标放样法等，测设时应根据施工现场控制点分布情况、地形条件、测设精度要求等选用适当的方法。

1. 极坐标法

极坐标法是根据已知水平角和水平距离测设点的平面位置的方法。极坐标法适用于量距方便且待测设点距离控制点较近的建筑施工场地。

在线课：极坐标法

如图 7-8 所示，$A(x_A,y_A)$、$B(x_B,y_B)$为已知点，$P(x_P,y_P)$为待测设点，测设步骤如下。

（1）计算测设数据。根据已知点 A 和待测设点 P 的坐标反算水平距离 D_{AP} 和 AP 边的坐标方位角；计算 AB 边的坐标方位角；根据 α_{AB}、α_{AP} 计算 AP 与 AB 之间的夹角 β。

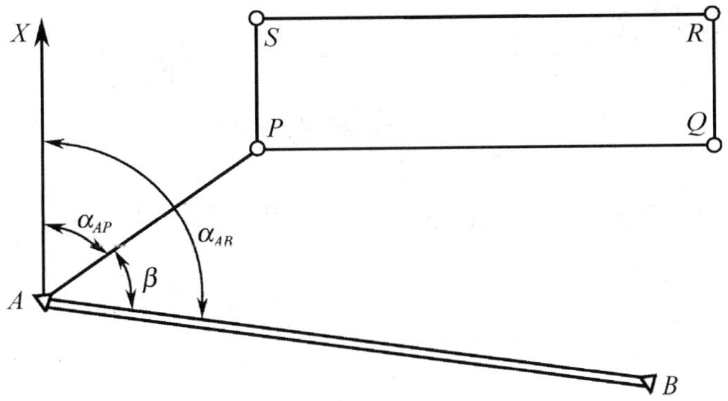

图 7-8 极坐标法测设点位

【例题 7-2】已知 x_A=268.345m，y_A=369.571m，x_P=306.123m，y_P=423.000m，α_{AB}=110°36′48″，试计算测设数据 β 和 D_{AP}。

$$\Delta y_{AP}=y_P-y_A=423.000\text{m}-369.571\text{m}=53.429\text{m}$$

$$\Delta x_{AP}=x_P-x_A=306.123\text{m}-268.345\text{m}=37.778\text{m}$$

$$\alpha_{AP}=\arctan\frac{\Delta y_{AP}}{\Delta x_{AP}}=\arctan\frac{53.429\text{m}}{37.778\text{m}}\approx 54°44'13.37''$$

$$\beta=\alpha_{AB}-\alpha_{AP}=55°52'34.63''$$

$$D_{AP}=\sqrt{(306.123-268.345)^2+(423.000-369.571)^2}\approx 65.436\text{m}$$

（2）点位的测设方法。

① 在 A 点安置经纬仪，瞄准 B 点，按逆时针方向测设 β 角，定出 AP 方向。

② 沿 AP 方向测设水平距离 D_{AP}，定出 P 点，做出标志。

2. 直角坐标法

在线课：直角坐标法

直角坐标法是根据直角坐标原理，利用纵、横坐标之差测设点的平面位置的方法。直角坐标法适用于施工控制网为建筑方格网或建筑基线的形式且量距方便的建筑施工场地。

如图 7-9 所示，已知某矩形控制网的 4 个角点Ⅰ、Ⅱ、Ⅲ、Ⅳ的坐标，由建筑总平面图可以确定某矩形建筑物四角点 a、b、c、d 的设计坐标。现以根据Ⅰ点的坐标测设 a 点为例，介绍直角坐标法的测设步骤。

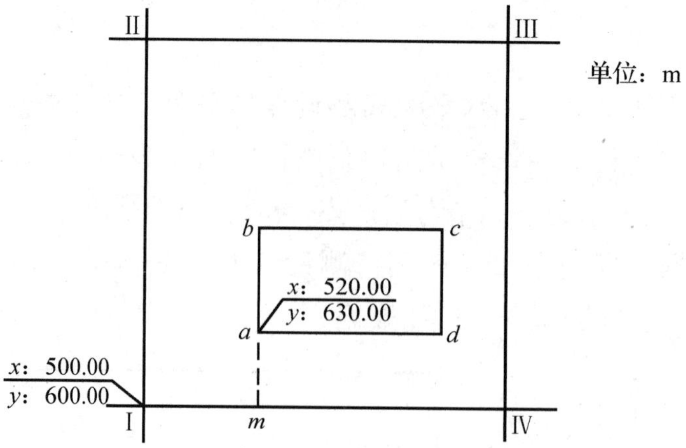

图 7-9　直角坐标法测设点位

（1）计算 I 点和 *a* 点的坐标差，Δy=630.00m−600.00m=30.00m，Δx=520.00m−500.00m=20.00m。

（2）在 I 点安置经纬仪，瞄准Ⅳ点，沿视线方向测设距离 30.00m，定出 *m* 点，做出标志。

（3）在 *m* 点安置经纬仪，瞄准Ⅳ点，按逆时针方向测设 90° 角，由 *m* 点沿视线方向测设距离 20.00m，定出 *a* 点，做出标志。

（4）建筑物 4 个角点测设完毕，检查建筑物 4 个角是否等于 90°，以及各边长是否等于设计长度，其误差均应在限差以内。

在测设上述距离和角度时，可根据测设精度要求分别采用一般方法或精密方法。

在直角坐标法中，一般用经纬仪测设直角，但在测设精度要求不高、支距不大、地面较平坦时，可采用钢尺根据勾股定理进行测设。

3. 角度交会法

在线课：角度交会法

角度交会法（又称方向交会法）是在两个或多个控制点上安置经纬仪，通过测设两个或多个已知水平角，交会出待测设点的平面位置的方法。角度交会法适用于起伏较大、丈量不便、距离较远及测设精度要求不高的建筑施工场地。

如图 7-10 所示，*A*、*B*、*C* 为已知点，*P* 为待测设点，*P* 点设计坐标已知，角度交会法的测设步骤如下。

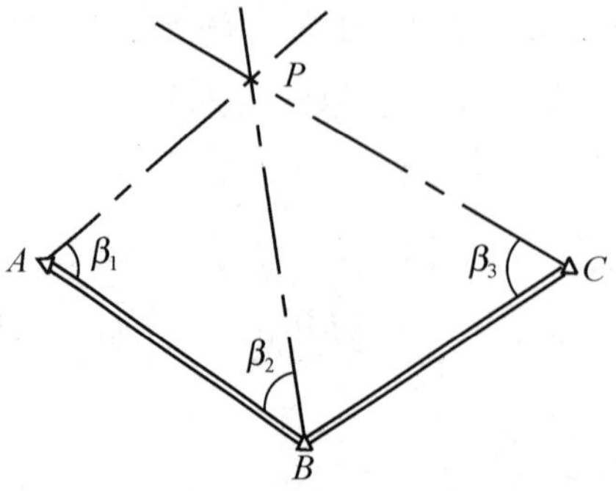

图 7-10　角度交会法测设点位

（1）按坐标反算公式求出 α_{AP}、α_{AB}（计算水平角 β_1），α_{BP}、α_{BA}（计算水平角 β_2），α_{CP}、α_{CB}（计算水平角 β_3）。

（2）在 A、B 两点上同时安置经纬仪，同时测设水平角 β_1 和 β_2，定出两条方向线，在两条方向线相交处钉一个木桩，并在木桩上沿 AP、BP 绘出方向线及其交点。

（3）在 C 点上安置经纬仪，测设水平角 β_3，同样在木桩上沿 CP 绘出方向线。

（4）如果交会没有误差，则 CP 方向线应通过前两条方向线的交点，此交点即 P 点。但由于测设有误差，因此三条方向线往往不交于一点，而形成一个误差三角形，如果此三角形最长边的长度不超出允许范围，则取三角形的重心作为 P 点的最终位置。

在线课：距离交会法

4. 距离交会法

距离交会法是根据两个控制点测设两段已知水平距离，交会出待测设点的平面位置的方法。距离交会法适用于场地平坦、量距方便且控制点距离待测设点不超过一尺段长的建筑施工场地。

如图 7-11 所示，A、B 为已知点，P 为待测设点（设计坐标已知），按坐标反算公式计算测设数据 D_{AP}、D_{BP}。

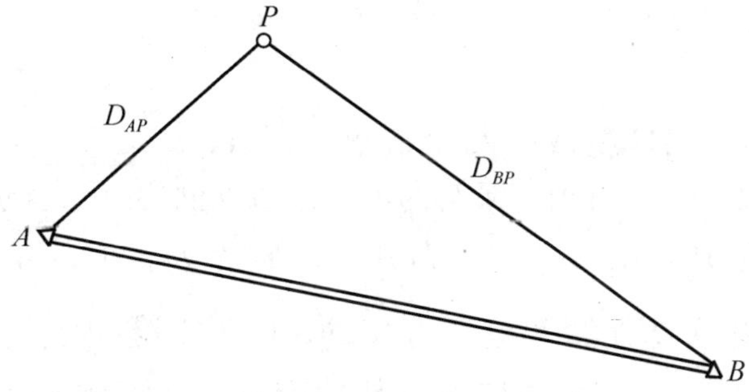

图 7-11　距离交会法测设点位

（1）将钢尺的零点对准 A 点，以 D_{AP} 为半径在地上画一段圆弧。

（2）将钢尺的零点对准 B 点，以 D_{BP} 为半径在地上再画一段圆弧。两段圆弧的交点即 P 点的平面位置。

测设时若有两个钢尺，则可将钢尺的零点同时对准 A、B 两点，由一人同时拉紧两个钢尺，使两个钢尺读数分别为 D_{AP}、D_{BP}，这两个读数相交处即 P 点的平面位置。

5. 全站仪坐标放样法

全站仪坐标放样法的本质是极坐标法，适用于各类地形情况，而且精度高、操作简便，在生产实践中已被广泛应用。以科力达 KTS-462R4 全站仪坐标放样为例，操作步骤如下。

（1）在测站点安置全站仪，输入测站点坐标或调用预先输入的文件中的测站点坐标，瞄准后视点并输入后视点坐标（或方位角）。

（2）输入放样点坐标或调用预先输入的文件中的放样点坐标，仪器自动计算测设数据。

（3）在待测设点的概略位置处立棱镜，用望远镜瞄准棱镜，按坐标放样功能键，可显示当前棱镜位置与放样点的坐标差，根据坐标差移动棱镜的位置，直至坐标差为零，这时棱镜所对应的位置即放样点的位置，在地面上做出标志。

在线课：坡度线测设

7.1.4 坡度线测设

在道路建设、敷设上下水管道及排水沟等工程中，经常要测设指定的坡度线。已知坡度线的测设是指根据现场附近水准点的高程、设计坡度和坡度端点的设计高程，用水准测量的方法将坡度线上各点的设计高程标定在地面上。坡度线测设的方法有水平视线法和倾斜视线法。

1. 水平视线法

所谓坡度 i，是指直线两端的高差 h 与水平距离 D 之比，即

$$i=\frac{h}{D}$$

设给定的设计坡度 $i=x\%$，要求在水平距离 D 处做出坡度线标志桩，其基本方法如下。

（1）计算水平距离 D 对应的坡升或坡降，即

$$h=iD=D\times x\%$$

（2）实地测设。

如图 7-12 所示，A、B 为坡度线的两个端点，在 A、B 两点中间安置水准仪，若 A 处水准尺上的读数为 a，A、B 两点之间的高差为 h，则 B 处水准尺上的应有读数为 $b_{应}=a-h$。

若为降坡，则 h 为负值，$b_{应}>a$；若为升坡，则 h 为正值，$b_{应}<a$。

将水准尺紧贴待测设点 B 处的木桩上下移动，直至水准尺上的应有读数恰好为 $b_{应}$时沿尺底画标志线，将 B 处标志线与 A 点相连，其坡度就是所需测设坡度。

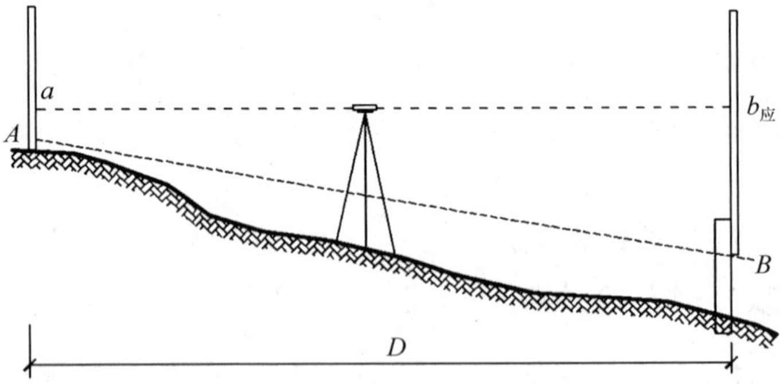

图 7-12 水平视线法测设坡度线

2. 倾斜视线法

如果地面实际坡度与设计坡度比较接近，则可采用倾斜视线法测设坡度线，即根据视线与设计坡度线平行时两线之间的铅垂距离处处相等的原理，确定设计坡度上的各点高程。

如图 7-13 所示，A、B 为坡度线的两个端点，其水平距离为 D，设 A 点的高程 H_A 已知，要沿 AB 方向测设一条设计坡度为 i_{AB} 的坡度线，测设方法如下。

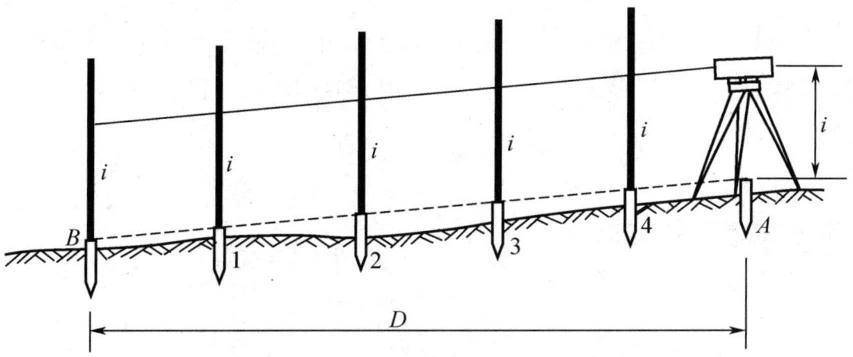

图 7-13　倾斜视线法测设坡度线

（1）根据 A 点的高程 H_A、坡度 i_{AB}，以及 A、B 两点间的水平距离 D，计算出 B 点的设计高程，即 $H_B=H_A+i_{AB}D$。

（2）将 B 点的设计高程测设在地面的木桩上，直线 AB 即构成坡度为 i_{AB} 的坡度线。

（3）在 A 点上安置水准仪，使基座上的一个脚螺旋在 AB 方向线上，其余两个脚螺旋的连线与 AB 方向线垂直。粗略对中并调节连线与 AB 方向线垂直的两个脚螺旋至基本水平，量取仪器高 i，用望远镜瞄准 B 点的水准尺，转动在 AB 方向线上的脚螺旋或微倾螺旋，使望远镜十字丝横丝在 B 点的水准尺上的读数等于仪器高 i，此时仪器的视线与设计坡度线平行。

（4）在 AB 方向线上测设中间点，分别在 1、2、3、4 等处打下木桩，使各木桩上水准尺上的读数均为仪器高 i，这样各桩顶的连线就是欲测设的坡度线。

水准仪望远镜纵向移动范围有限，若设计坡度较大，超出水准仪脚螺旋所能调节的范围，则可用经纬仪测设，其测设方法相同。

任务 7.2　施工场地控制测量

施工场地一般工种多、交叉作业频繁，并且有大量的土方填挖，地面变动很大，原来勘测阶段所建立的测量控制点大部分是为测图布设的，而不是用于施工的，即使有保存下来的，也不尽符合要求。因此，为了使施工能分区、分期地按一定顺序进行，并且保证施工测量的精度和施工速度，在施工前，在施工场地上要建立统一的施工控制网。施工控制网包括平面控制网和高程控制网，它是施工测量的基础。

施工控制网的布设形式应根据建筑物的总体布置、施工场地的大小及测区地形条件等因素来确定。平面控制网的布设，在大中型建筑施工场地上，一般布设正方形或矩形的格网，称为建筑方格网；在面积不大又不十分复杂的建筑施工场地上，常布设一条或几条相互垂直的基线，称为建筑基线；在山区或丘陵地区，布设建筑方格网或建筑基线有困难，宜采用导线网或三角网来代替建筑方格网或建筑基线。

高程控制网的布设应根据施工精度要求采用三等、四等水准网或图根水准网。施工控制网与测图控制网相比，具有控制范围小、控制点密度大、精度要求高、使用频繁、受施工干扰大等特点。

7.2.1 施工场地平面控制测量

1. 建筑基线

当施工场地比较狭小，平面布置又相对简单时，常在场地内布设一条或几条基线，用于实现施工测量的平面控制。建筑基线的布设形式应根据建筑物的分布、施工场地地形等因素来确定，常用的布设形式有三点“一”字形、三点“L”形、四点“T”形、五点“十”字形，如图 7-14 所示。

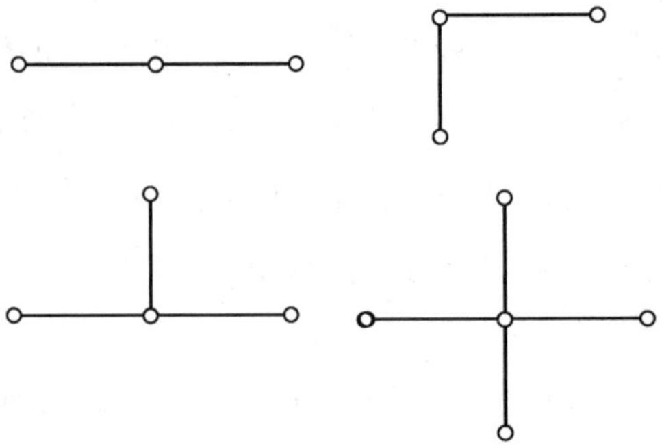

图 7-14 建筑基线的布设形式

（1）建筑基线的布设原则。

① 在不受挖土损坏的条件下，建筑基线应尽可能靠近拟建的主要建筑物，并与其主要轴线平行或垂直，以便使用直角坐标法进行建筑物定位。

② 在城建地区，由于建筑用地的边界要经规划部门和设计单位商定，并由规划部门的拨地单位在现场标定出边界点，它们的连线通常是正交的直线，称为建筑红线。建筑基线应尽可能与施工场地的建筑红线相联系。

③ 建筑基线主点间应相互通视，边长为 90～400m。

④ 为了便于检查建筑基线点有无变动，一般基线点不应少于 3 个。

⑤ 基线点位应选在通视良好、不易被破坏的地方，为了能长期保存，要埋设永久性的混凝土桩。

（2）建筑基线的放样方法。

① 根据建筑红线放样。

如图 7-15 所示，*A*、*B*、*C* 就是在地面上标定出来的边界点，其连线 *AB*、*BC* 为建筑红线。在一般情况下，建筑基线与建筑红线平行或垂直，可根据建筑红线用平行线推移法来建立建筑基线 *ab*、*bc*。

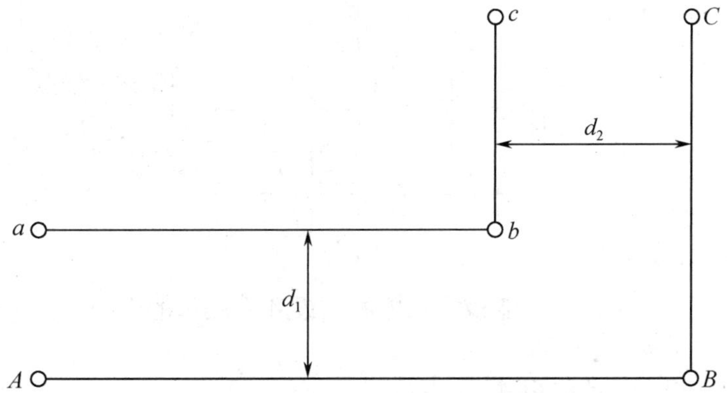

图 7-15　根据建筑红线放样建筑基线

先把 *a*、*b*、*c* 三点在地面上用木桩标定后，再安置经纬仪于 *b* 点，以检查∠*abc* 与 90°之差，其差值不得超过±24″，丈量 *ab*、*bc* 边的长度作为设计长度，允许误差不应大于 1/10 000。定下 *a*、*b* 两点的位置，否则需要进一步检查推平行线时的测设数据。

② 根据测量控制点放样。

在非建筑区，一般没有建筑红线，这就需要根据建筑物的设计坐标和附近已有的控制点来建立建筑基线并在地面上标定。如图 7-16 所示，*A*、*B* 为附近已有的控制点，*a*、*b*、*c* 为选定的建筑基线点，*A*、*B* 两点的坐标已知，*a*、*b*、*c* 三点的坐标可算出，这样就可以采用极坐标法分别放样出 *a*、*b*、*c* 三点。安置经纬仪于 *b* 点，以检查∠*abc* 与 90°之差是否在±24″之内，丈量 *ab*、*bc* 边的长度并将其与计算数字进行比较，相对误差应在 1/10 000 以内，否则应进行调整。

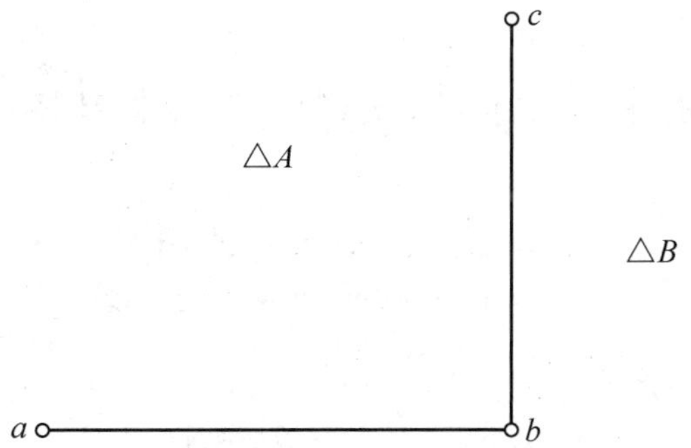

图 7-16　根据测量控制点放样建筑基线

2. 建筑方格网

（1）建筑方格网的布设和主轴线的选择。

建筑方格网的布设一般根据建筑设计总平面图并结合现场情况来拟定。在布设建筑方格网时应先选定建筑方格网的主轴线，如图 7-17 中的 *AOB* 和 *COD*，再布设其他的方格网点。建筑方格网可布设成正方形或矩形。当场地面积较大时，建筑方格网常分两级布设，首级为基本网，可采用“十”字形、“口”字形或“田”字形，然后加密方格网。当场地面积不大时，尽量布设成全面方格网。

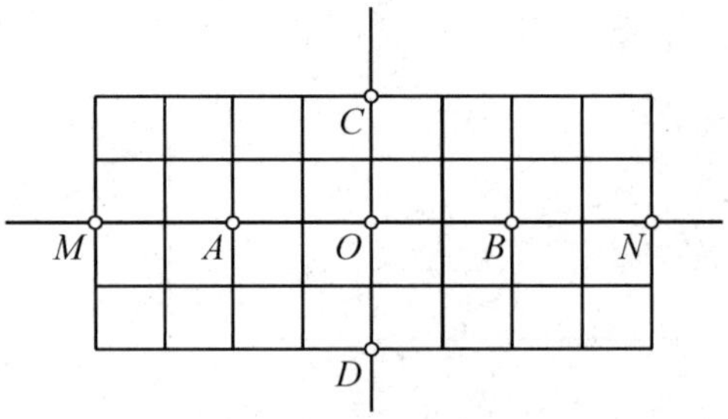

图 7-17　建筑方格网的布设和主轴线的选择

在布设建筑方格网时应注意以下几点。

① 建筑方格网的主轴线与主要建筑物的基本轴线平行，并应使控制点接近测设的对象。

② 建筑方格网的边长一般为 100～200m，边长的相对精度一般为 1/20 000～1/10 000。为了便于设计和使用，建筑方格网的边长尽可能为 50m 的整数倍。

③ 相邻方格网点应保持通视，各木桩点应能长期保存。

④ 在选点时应注意便于测角、量距，点数应尽量少。

（2）确定各主点的施工坐标和进行坐标换算。

如图 7-17 所示，*MN*、*CD* 为建筑方格网的主轴线，是建筑方格网扩展的基础。当场地面积很大时，主轴线很长，一般只测设其中的一段，如图 7-17 中的 *AOB* 段，*A*、*O*、*B* 是主轴线的定位点，称为主点。主点的施工坐标一般由设计单位给出，也可在总平面图上用图解法求得。当坐标系统不一致时，还要进行坐标换算，使坐标系统一致。坐标换算的方法如下。

如图 7-18 所示，*P* 点的施工坐标为(x'_P, y'_P)，若要将其换算为测量坐标(x_P, y_P)，则可以按下式计算：

$$x_P = x_0 + x'_P\cos\alpha - y'_P\sin\alpha$$
$$y_P = y_0 + x'_P\sin\alpha + y'_P\cos\alpha$$

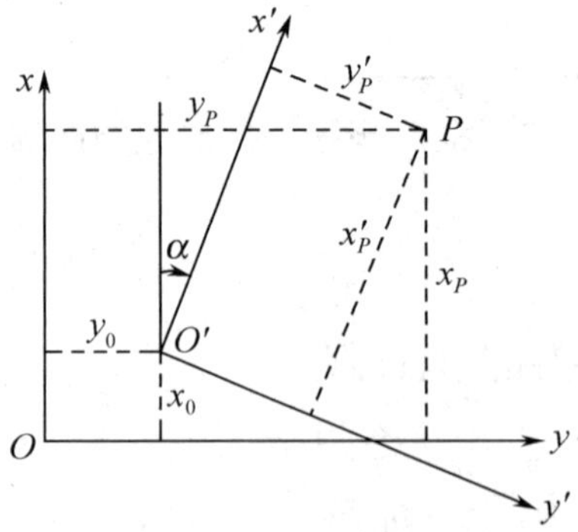

图 7-18　坐标换算

若已知 *P* 点的测量坐标(x_P, y_P)，要将其换算为施工坐标(x'_P, y'_P)，则可以按下式计算：

$$x'_P = (x_P - x_0)\cos\alpha + (y_P - y_0)\sin\alpha$$
$$y'_P = -(x_P - x_0)\sin\alpha + (y_P - y_0)\cos\alpha$$

（3）建筑方格网主轴线的测设。

如图 7-19 所示，1、2、3 为测量控制点，A、O、B 为主轴线上的主点。先将 A、O、B 三点的施工坐标换算为测量坐标，再根据它们的坐标算出放样数据 D_1、D_2、D_3 和 β_1、β_2、β_3，然后按极坐标法分别测设出 A、O、B 三点的概略位置，以 A'、O'、B' 表示。

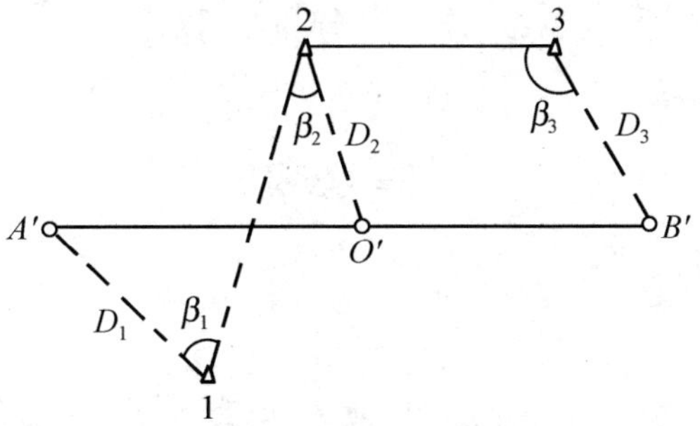

图 7-19　建筑方格网主轴线的测设

由于存在误差，三个主点一般不在一条直线上，因此要在 O' 点上安置经纬仪，如图 7-20 所示，精确地测量 $\angle A'O'B'$。

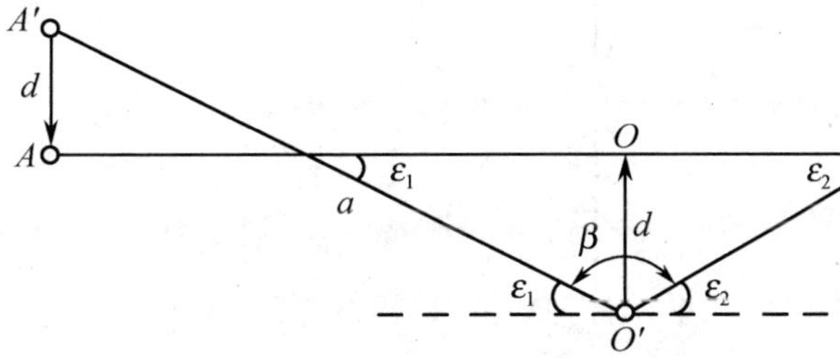

图 7-20　主点位置调整

如果 $\angle A'O'B'$ 与 180° 之差超过规定的限差，则应进行调整。调整时将各主点沿垂直方向移动改正数 d，其中 O' 与 A'、B' 两点移动的方向相反。d 可根据下式计算：

$$\varepsilon_1 = \frac{d}{\frac{a}{2}} = \frac{2d}{a}$$

同理，有

$$\varepsilon_2 = \frac{2d}{b}$$

由

$$\varepsilon_1 + \varepsilon_2 = \left(\frac{1}{a} + \frac{1}{b}\right)2d = (180^\circ - \beta)\frac{1}{\rho}$$

可得

$$d = \frac{ab}{a+b}\left(90^\circ - \frac{\beta}{2}\right)\frac{1}{\rho}$$

移动 A'、O'、B' 三点后再测量此时的 $\angle AOB$，如果测得的结果与 180°之差仍然超过规定的限差，则应再次进行调整，直到误差控制在容许范围内为止。

定好 A、O、B 三个主点后，将仪器安置在 O 点上测设与 AOB 轴线相垂直的另一个主轴线 COD，如图 7-21 所示。测设时瞄准 A 点，分别向右、向左转 90°，在地面上定出 C'、D' 两点，精确地测出 $\angle AOC'$ 和 $\angle AOD'$。先分别计算出它们与 90°之差 ε_1 和 ε_2，然后计算出改正数 d_1 和 d_2，计算公式如下：

$$d = D\varepsilon/\rho$$

式中，D——OC' 或 OD' 的长度；

$\rho = 206265''$。

将 C' 点沿垂直于 OC' 的方向移动 d_1 得到 C 点，采用同样的方法定出 D 点。实测改正后的 $\angle COD$，其与 180°之差不应超过规定的限差。

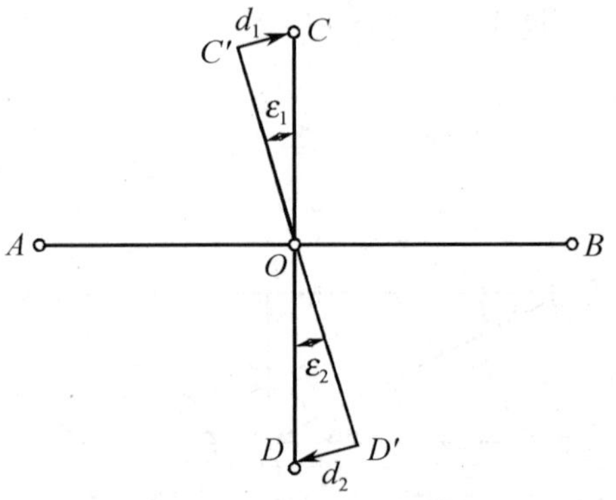

图 7-21　与已测设轴线垂直的轴线测设

自 O 点起，用钢尺分别沿直线 OA、OC、OB 和 OD 量取主轴线的距离。主轴线的量距必须用经纬仪定线，用检定过的钢尺往返丈量。丈量精度一般为 1/20 000～1/10 000，用测距仪或全站仪代替钢尺进行测距更为方便且精度更高。主轴线上的主点 A、O、B、C、D 要在地面上用混凝土桩标定。

（4）建筑方格网的测设。

在测设出主轴线后，就要测设建筑方格网，具体方法如下。

在主轴线的 4 个端点 A、B、C、D 上分别安置经纬仪，如图 7-22 所示，每次都以 O 点为起始点，分别向左、向右测设 90°角，这样就交会出建筑方格网的 4 个角点 1、2、3、4。为了进行检校，还要量出 $A1$、$A4$、$D1$、$D2$、$B2$、$B3$、$C3$、$C4$ 各段的距离，量距精度要求和主轴线的量距精度相同。如果根据量距所得的角点位置和用角度交会法所得的角点位置不一致，则可适当进行调整，以确定 1、2、3、4 点的最后位置，并用混凝土桩标定上述构成“田”字形的各方格网点作为基本点。为了便于以后进行厂房细部的施工放线工作，在测设矩形方格网的同时，还要每隔 24m 埋设一个距离指标桩。

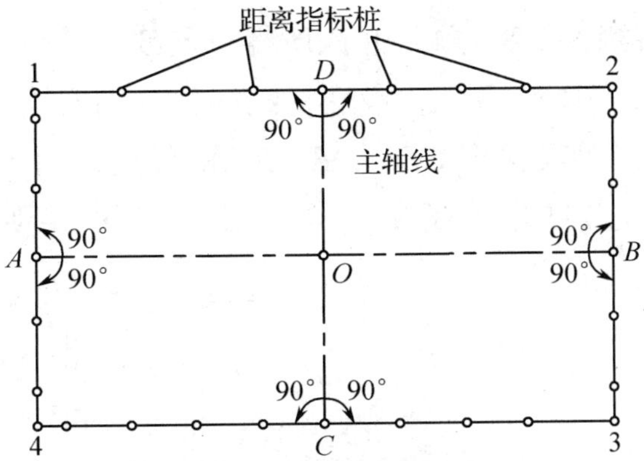

图 7-22　建筑方格网的测设

7.2.2　施工场地高程控制测量

施工场地高程控制测量是指在整个场区建立可靠的水准点，形成与国家高程控制系统相联系的水准网。水准点的密度应尽可能满足安置一次仪器即可测设出所需高程点的要求。场区水准网一般分两级布设，首级水准网用于实现整个施工场地的高程基本控制，一般情况下按四等水准测量方法确定水准点高程，并埋设永久性标志。当因设备安装或下水管道敷设等某些部位测量精度要求较高时，可在局部范围内采用三等水准测量方法，设置三等水准点。加密水准网以首级水准网为基础，可根据不同的测设要求按四等水准网或图根水准网的要求进行布设。建筑方格网点及建筑基线点，亦可兼作高程控制点。

任务 7.3　民用建筑施工测量

7.3.1　一般民用建筑施工测量

1. 建筑物定位测量

对于一般民用建筑施工测量，应先根据建筑总平面图上所给出的建筑物尺寸定位，也就是把建筑物的外廓轴线交点，如图 7-23 中的 *A*、*B*、*C*、*D*、*E*、*F* 点，或者建筑物的主轴线 *AB*、*AF*、*CD*、*DE* 等标定在地面上，然后根据这些交点进行细部放样。

建筑物主轴线的测设可根据施工现场情况和设计条件，采用以下几种方法。

（1）根据建筑红线、建筑基线或建筑方格网进行建筑物定位。

如果在施工现场已有拨地单位在现场测设出的建筑红线桩，或者在施工现场已建立建筑基线或建筑方格网，则可以根据其中一种来进行建筑物定位。

如图 7-23 所示，*PQ*、*QM* 为建筑红线，若欲根据 *PQ*、*QM* 测设建筑物的主轴线 *AB*、*AF*、*DE*、*CD*，则可安置经纬仪于 *Q* 点，先瞄准 *P* 点，按图 7-23 中所给出的尺寸自 *Q* 点沿视线方向用钢尺量距，依次定出 *A′*、*D′*、*B′* 各点；然后分别在 *A′*、*D′*、*B′* 点安置经纬仪，瞄准 Q 点，分别向右测设 270° 角，并在所得方向线上用钢尺依图 7-23 中给出尺寸量距，分别定出 A、F、D、E、B、C 各点；最后将经纬仪分别安置于 A、D 两点，检查 $\angle BAF$ 和 $\angle CDE$ 是否等于 90°，用钢尺检查 CD、DE、EF 的长度是否等于设计尺寸，如果误差在容许范围内，则得到此建筑物的主轴线 AB、AF、DE、CD，否则应根据情况适当调整。

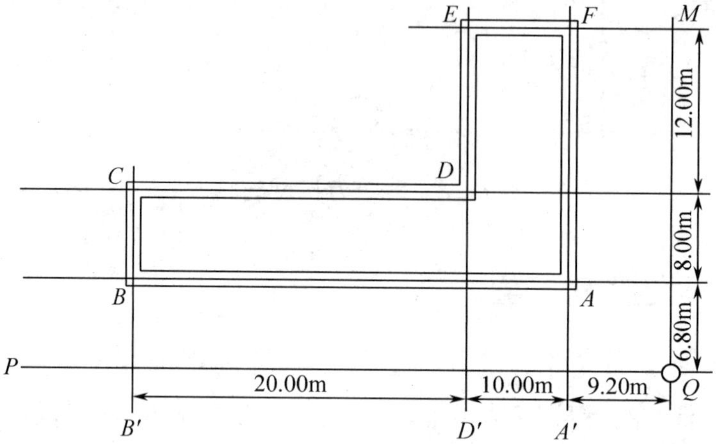

图 7-23　建筑物定位测量

（2）根据原有建筑物进行建筑物定位。

图 7.24（a）所示为延长直线法，画有斜线的为原有建筑物，没画斜线的为拟建的建筑物。

为了准确做出 AB 的延长线 MN，应先做 AB 边的平行线 $A'B'$。为此，将 DA 和 CB 向外延长，并取 $AA' = BB'$，在地面上定出 A'、B' 两点。然后在 A' 点安置经纬仪，照准 B' 点，在 $A'B'$ 延长线上根据图纸上的 BM、MN 设计尺寸，用钢尺量距依次在地面上定出 M'、N' 两点。最后分别安置经纬仪于 M'、N' 两点，做垂线，从而得到主轴线 MN。

图 7-24（b）所示为直角坐标法，用延长直线法测出 M' 点后，安置经纬仪于 M' 点，做垂线，从而得到主轴线 MN。

图 7-24（c）所示为平行线法，拟建建筑物的主轴线平行于道路中心线，先找出道路中心线，然后采用经纬仪并做垂线即可得到主轴线。

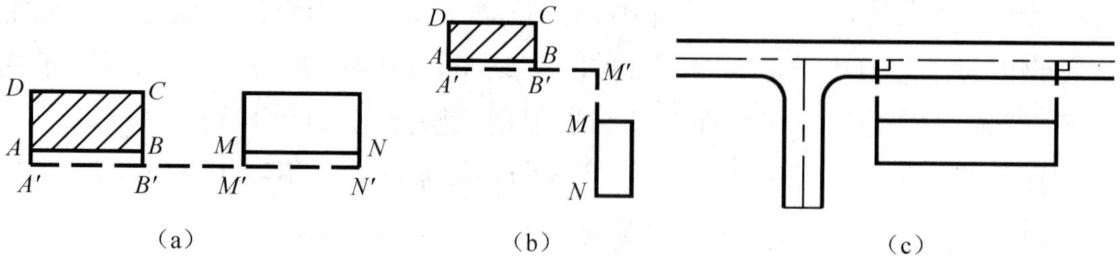

图 7-24　根据原有建筑物进行建筑物定位

2. 建筑物细部放样测量

建筑物定位以后，由于所测设的轴线交点桩在开挖基槽时将被破坏，因此在槽外各轴线的延长线上应设置轴线控制桩，作为开槽后各阶段施工中确定轴线位置的依据。轴线控制桩一般钉在槽边外 2～4m、不受施工干扰且便于引测和保存桩位的地方。

在一般民用建筑物中，为了方便施工，在基槽外一定距离处设置龙门板，如图 7-25 所示。

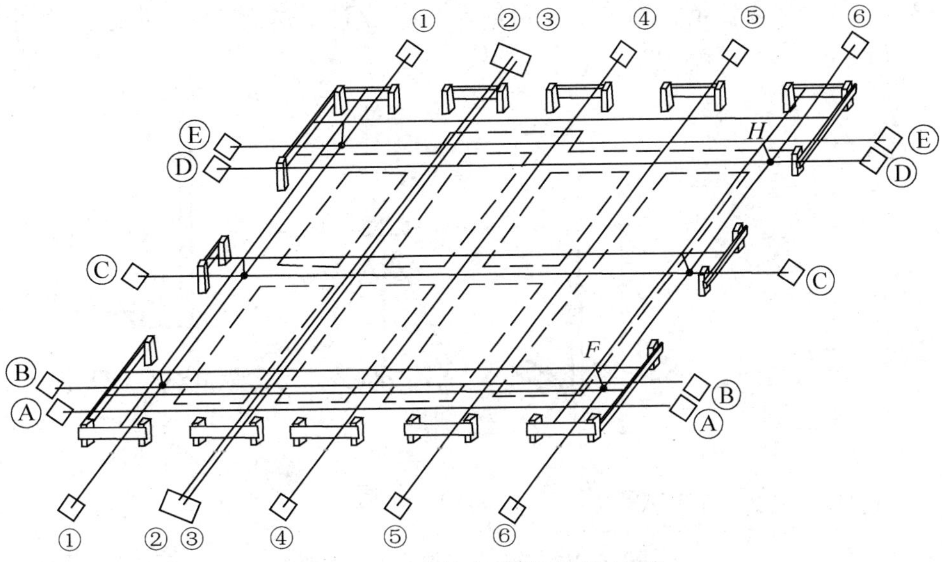

图 7-25　建筑物细部放样测量

龙门板的具体设置如下。

（1）在建筑物四周和中间隔墙的两端基槽 1.5～2m 的地方设置龙门桩。桩要钉得竖直、牢固，桩面与基槽平行。

（2）根据场地内水准点，在每个龙门桩上测设出室内或室外地坪设计高程线，即±0.000m 标高线。若地形条件不许可，则可测设比±0.000m 高或低一个整数的标高线。根据标高线把龙门板钉在龙门桩上，使龙门板的上边缘标高正好为±0.000m。

（3）把轴线引测到龙门板上，将经纬仪安置在 H 点，瞄准 F 点，沿视线方向在龙门板上定出一点，用小钉做出标志，倒转望远镜，在 H 点附近的龙门板上钉一个小钉。

（4）把中心钉都钉在龙门板上以后，应用钢尺沿龙门板顶面检查建筑物轴线长度，其误差不应超过 1/2000。检查合格后以中心钉为准将墙宽、基槽宽标在龙门板上。最后根据槽上口宽度拉上小线撒出基槽灰线。

龙门板使用方便，可以控制±0.000m 以下各层标高和槽宽、基础宽、墙宽。但它需要的木材较多，占用场地面积大，所以有时也用轴线控制桩法来代替龙门板法。轴线控制桩设置在基础轴线的延长线上，轴线控制桩到基槽外边线的距离根据施工场地的条件而定。

3. 基础施工测量

在基础开挖前，要先根据细部测设确定的轴线位置和基础宽度，在地面上用白灰放出基础的开挖线。

在开挖基槽时要随时注意挖土深度，当基槽挖到离槽底 30～50cm 时，需要在槽壁上每隔 2～3m 设置一些水平桩，用以控制挖槽深度，如图 7-26 所示。例如，欲钉出标高为

-1.000m 的水平桩，要先把木杆放在附近龙门板上，按十字丝横丝在木杆上所示位置画一条水平横线，然后从此红线处再向上量出 1.000m 的一段长度，画出第二条红线。把木杆紧贴基槽上下移动，直到第二条红线和十字丝横丝重合时，靠本杆底部钉一个小木桩，作为控制槽深和打基础垫层时的高程依据。

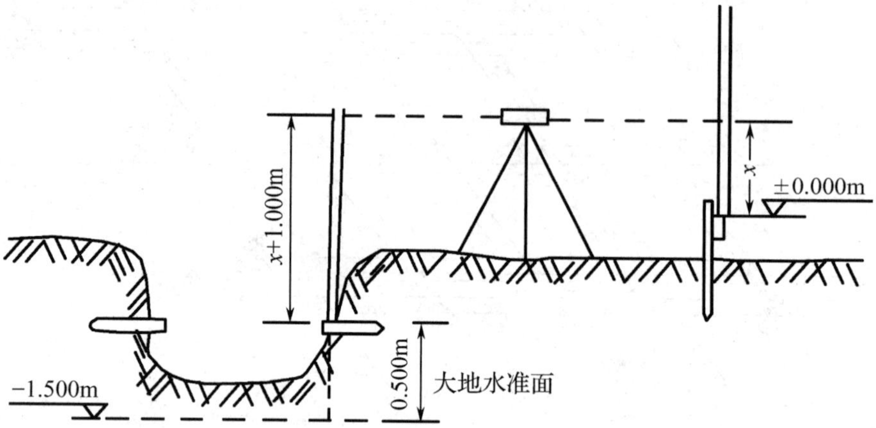

图 7-26　基槽开挖深度控制

4. 墙体施工测量

（1）墙体定位。

基础施工结束后，用水准仪检查基础顶面的标高是否符合设计要求，误差不应超过 ±10mm。同时，根据轴线控制桩用经纬仪将主墙体的轴线投到基础墙的外侧，用红油漆画出轴线标志，写出轴线编号（见图 7-27），作为上部轴线投测的依据。此外，还应在四周用水准仪抄出（-0.100m）标高线，弹以墨线标志，作为上部标高控制的依据。

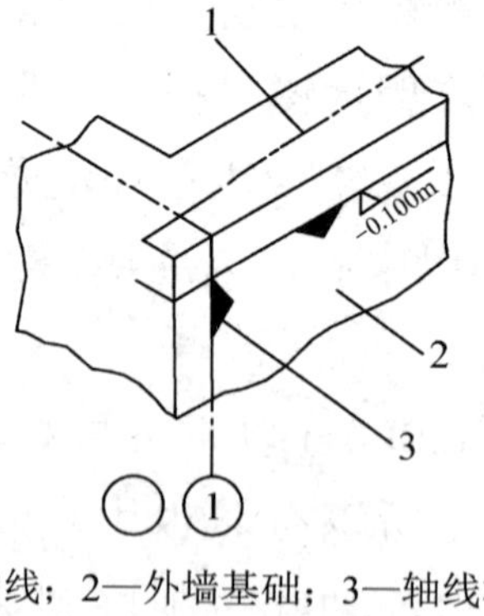

1—墙中线；2—外墙基础；3—轴线标志。

图 7-27　基础墙轴线投测

（2）墙体轴线测设。

基础施工合格后，先将轴线恢复到基础顶表面弹出墨线，然后拉钢尺检验轴线间距，检验合格后，沿轴线弹出墙宽和门框、窗框等洞口的位置，并标明洞口的宽度、高度尺寸。门口的位置和尺寸在基础顶面或楼面上标出，窗口的位置和尺寸则标在墙的侧面，如图 7-28 所示。

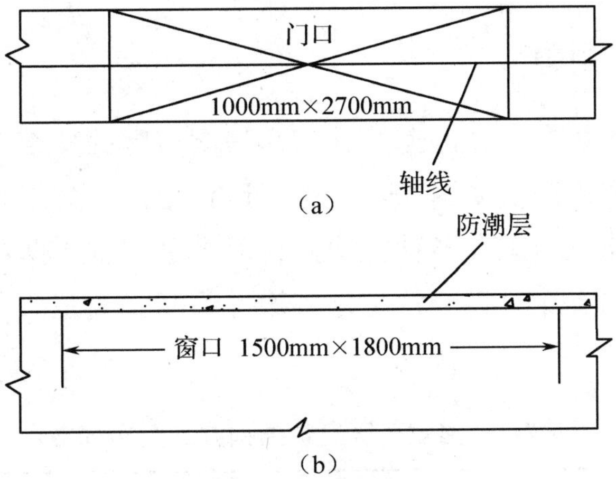

图 7-28　墙体轴线测设

（3）墙体各部位标高的控制。

在墙体砌筑施工中，墙体各部位的标高通常是用皮数杆来控制和传递的。

皮数杆是根据建筑物剖面图画有每块砖和灰缝的厚度，并注明墙体上窗台、门窗洞口、过梁、雨篷、圈梁、楼板等构件标高的位置，如图 7-29 所示。在墙体砌筑施工中，用皮数杆控制墙体各部位标高的准确位置，并保证每皮砖灰缝厚度均匀，每皮砖都处在同一水平面上。皮数杆一般都立在建筑物的拐角和隔墙处，如图 7-29 所示。

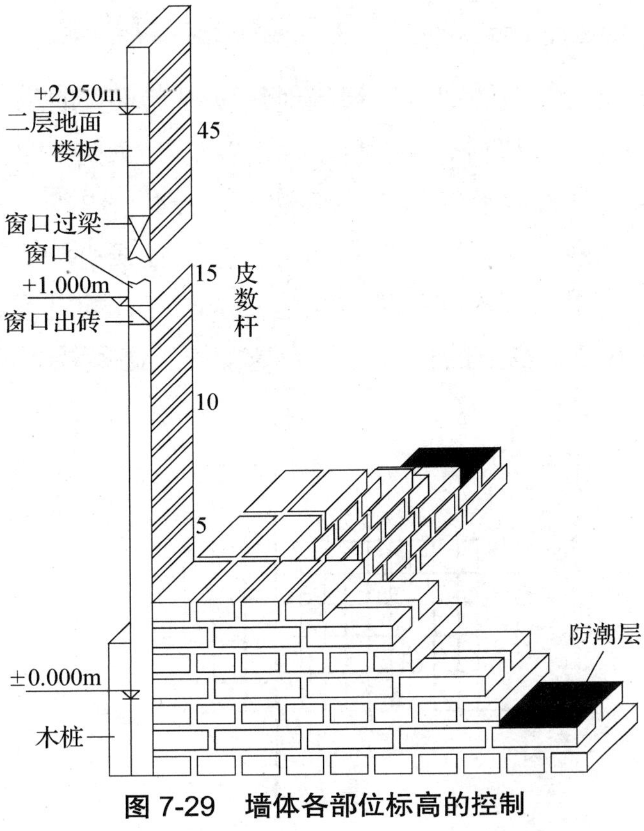

图 7-29　墙体各部位标高的控制

7.3.2 高层建筑施工测量

高层建筑的特点是层数多、高，尤其是在繁华闹市区的建筑群中施工时，场地十分狭窄，这给施工及测量工作带来很大困难。在施工过程中，对建筑物各部位的水平度、垂直度要求十分严格。高层建筑施工有多种方法，目前多采用如下两种：一种是滑模施工，即分层滑升逐层现浇楼板的方法；另一种是预制构件装配式施工。国家高层建筑结构施工质量标准如表 7-1 所示。

表 7-1 国家高层建筑结构施工质量标准

高层施工种类	竖向偏差限值/mm		高程偏差限值/mm	
	各层	累积	各层	累积
滑模施工	5	H/1000（最大为 50）	10	50
预制构件装配式施工	5	20	5	30

因此，对于高层建筑施工测量，事先必须谨慎细致地制订测量方案，选用适当的测量仪器，并拟出各种控制和检测的措施以确保放样精度。

高层建筑施工测量主要包括基础施工测量，高楼墙体、柱列、楼板施工测量，以及幕墙施工测量三大项，现就其中的基本测量工作分别进行介绍。

1. 轴线定位

首先，根据施工场地的平面控制点，精确地测设相互垂直的纵、横主轴线，如图 7-30 中的 AA、BB，将其作为高层建筑施工的基线，在 AA、BB 两主轴线交点 O 处安置经纬仪，检查两主轴线所夹的角度是否等于 $90°\pm 5''$。其次，以 AA、BB 两主轴线为依据，建立高、低两部分房屋的矩形控制网，根据矩形控制网将各柱列轴线引测到设计的房屋轴线之外，用混凝土桩标定。同时，用四等水准测量方法建立水准点，根据设计的室内地坪标高，在附近固定的建筑物上测设出 $\pm O$ 点的标志，作为基础施工高程控制的依据。

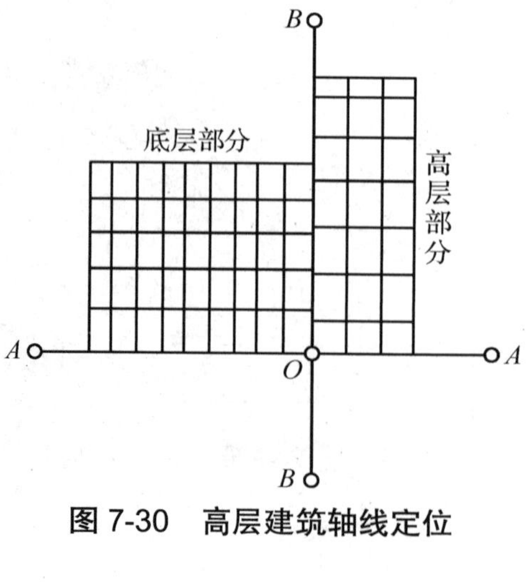

图 7-30 高层建筑轴线定位

2. 轴线投测

高层建筑的基础工程完工后，随着结构的升高，需要以底层基准轴线点为依据，逐层向上投测，以控制建筑物的垂直度。投测轴线点的方法主要有经纬仪投测法和激光铅垂仪投测法两种。

（1）经纬仪投测法。

① 选择中心轴线。

图 7-31 所示为某建筑物平面位置示意图，用经纬仪将建筑物定位之后，在地面上已标出①、②、③……和Ⓐ、Ⓑ、Ⓒ……轴线，其中Ⓒ轴与③轴作为中心轴线。根据楼层的高度和施工场地情况，在距塔楼尽可能远的地方钉出 4 个轴线控制桩 C、C'、3 和 3′。

当基础工程完工后，用经纬仪将③轴和Ⓒ轴精确地投测在塔楼底部，并进行标定，如图 7-32 中的 a、a'、b 和 b'。

② 向上投测中心轴线。

随着建筑物不断升高，要逐层将轴线向上传递，可将经纬仪安置在③轴和Ⓒ轴的控制桩上，瞄准塔楼底部的标志 a、a'、b 和 b'，用盘左和盘右两个竖盘位置向上投测到每层楼板上，并取其中点作为该层中心轴线的投影点，如图 7-32 中的 a_1、a_1'、b_1 和 b_1'，其中 a_1a_1' 和 b_1b_1' 两线的交点 O' 即塔楼的投测中心。

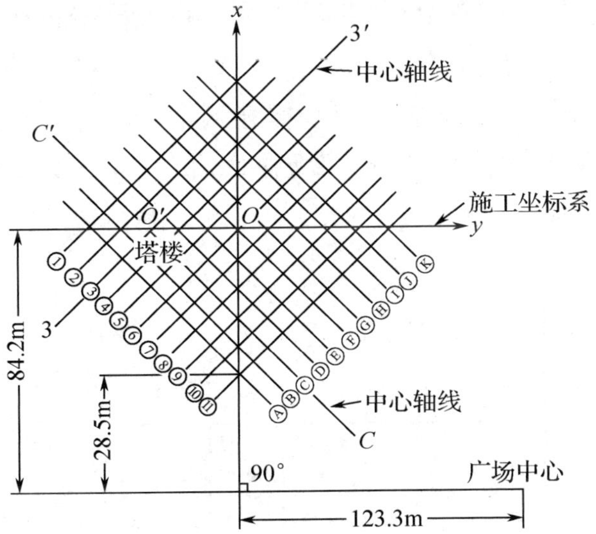

图 7-31 某建筑物平面位置示意图

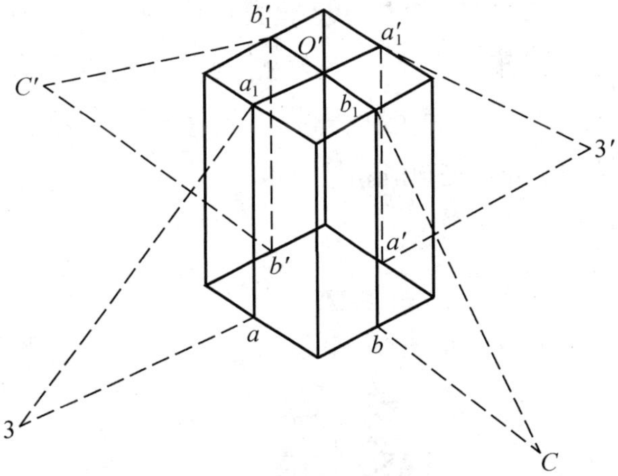

图 7-32 向上投测中心轴线

③ 增设轴线引桩。

当建筑物逐渐升高，而轴线控制桩距建筑物又较近时，望远镜的仰角较大，操作不便，投测精度将随仰角的增大而降低。为此，要将原中心轴线控制桩引测到更远的安全地方，或者附近大楼的楼顶上。具体做法是将经纬仪安置在已经投测上去的中心轴线上，瞄准地面上原有的轴线控制桩 C、C' 和 3、3′，将轴线引测到远处，如图 7-33 中的 C_1 和 C_1' 即新的Ⓒ轴控制桩。更高的各层中心轴线，可将经纬仪安置在新的引桩上，按上述方法继续进行投测。

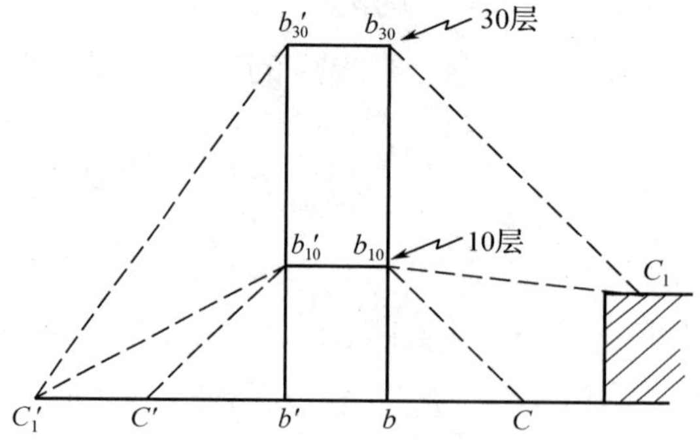

图 7-33　增设轴线引桩

④ 注意事项。

经纬仪一定要经过严格检校，合格后才能使用，尤其照准部水准管轴应严格垂直于竖轴，作业时要仔细整平。

为了减小外界条件（如日照和大风等）的不利影响，投测工作在阴天及无风天气条件下进行为宜。

（2）激光铅垂仪投测法。

激光铅垂仪是一种专用的铅直定位仪器，适用于高烟囱、高塔等高层建筑的铅直定位测量。激光铅垂仪在用于高层建筑的轴线投测时，从首层向施工层投测，将仪器安置在首层地面的轴线点标志处，并严格对中、整平。

为了把建筑物的平面定位轴线投测到各层上去，每条轴线至少需要两个投测点。根据梁、柱的结构尺寸，投测点距轴线 500～800mm 为宜，其平面布置如图 7-34 所示。为了使激光束能从底层投测到各层楼板上，在每层楼板的投测点处需要预留孔洞，洞口尺寸一般为 300mm×300mm 左右。

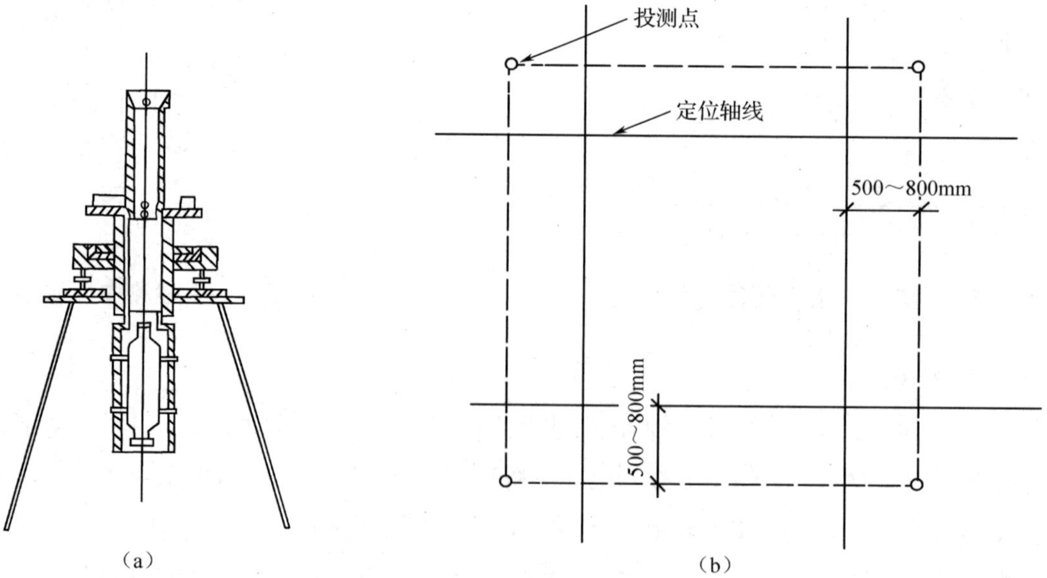

图 7-34　激光铅垂仪投测法

（3）高层建筑物的高程传递。

首层墙体砌到 1.5m 高后，用水准仪在内墙面上测设一条+50mm 的水平线，作为首层地面施工及室内装修的标高依据。以后每砌高一层，就从楼梯间用钢尺从下层的+50mm 标高线向上量出层高，测出上一楼层的+50mm 标高线。由下层传递上来的同一层几个标高点必须用水准仪进行检查，检查各标高点是否在同一水平面上，其误差不应超过±3mm。

任务 7.4 工业建筑施工测量

工业建筑包括厂房、仓库、运输设施、动力设施等，我们接触到最多的是单层工业厂房的施工。

预制装配式钢筋混凝土结构单层工业厂房施工过程：首先，分为基础施工和预制两个过程同时进行；其次，进行构件吊装工作；最后，进行建筑封闭工作。

要进行的测量工作：首先，进行工业厂房矩形控制网与柱列轴线的测设，以便于进行挖方和基础施工；其次，在基础施工完并且构件预制好后进行预制构件的安装测量。

7.4.1 厂房矩形控制网的测设

厂房的定位一般都是依据现场建筑方格网进行的，由柱列轴线控制桩（类似于民用建筑的轴线控制桩和龙门板）组成的厂房矩形控制网作为厂房的基本控制网。

中小厂房可根据建筑方格网采用直角坐标法测设厂房矩形控制网；大型或设备基础复杂的厂房应先测设厂房矩形控制网的主轴线，再根据主轴线测设厂房矩形控制网。

1. 测设前的准备

建筑方格网交点坐标在测设平面控制网时已得到。

如图 7-35 所示，*H*、*I*、*J*、*K* 是厂房的 4 个角点，从施工图中已知 *H*、*J* 两点的坐标。

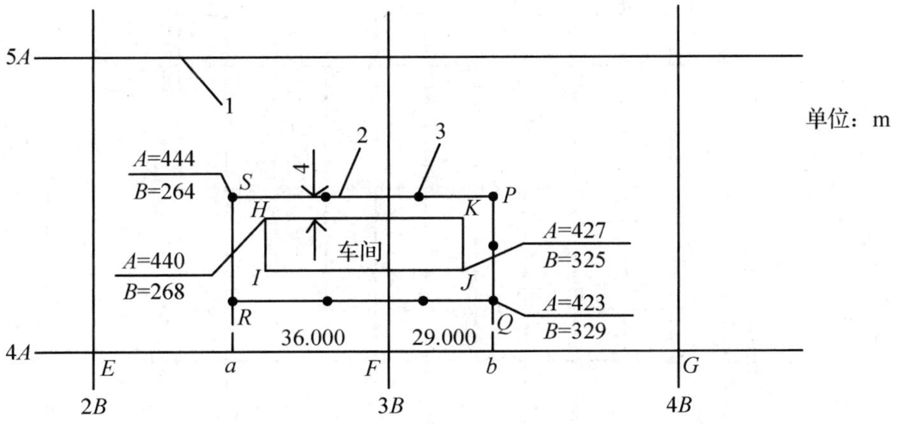

1—建筑方格网；2—厂房矩形控制网；3—距离指示桩。

图 7-35 厂房矩形控制网

厂房控制桩坐标按厂房角点的设计坐标和厂房矩形控制网的边线到厂房轴线的设计距离计算得到。厂房矩形控制网的边线到厂房轴线的设计距离应为 1.5～4m，一般取 4m。

注：*S*、*P*、*Q*、*R* 为布置在基础开挖边线以外的厂房矩形控制网的 4 个角点，称为厂房控制桩。

2. 测设方法

（1）计算测设数据。

根据厂房控制桩的坐标和建筑方格网交点坐标，计算在利用直角坐标法进行测设时所需的测设数据。

（2）厂房控制桩的测设。

① 以建筑方格网为基准采用直角坐标法测设厂房控制桩（标记厂房控制点），也可以采用其他可行方法。

② 为了便于进行细部的测设，同时沿厂房矩形控制网测设距离指示桩。距离指标桩的间距一般等于柱子间距的整数倍，且不超过一整尺段。

（3）检查。

① 角度检查，误差不得超过±24″。

② 边长检查，误差不得超过 1/10 000。

7.4.2 柱列轴线的测设

测设出厂房矩形控制网后，就可以在厂房矩形控制网的基础上测设柱列轴线。测设方法：先用钢尺在厂房矩形控制网各边上每隔柱子间距（一般为 6m）的整数倍（如 24m、48m）钉一个距离指示桩；然后根据距离指示桩按柱子间距或跨距钉柱列轴线桩（或称轴线控制桩），在桩顶上钉小钉，标明柱列轴线方向，作为基坑放样的依据，如图 7-36 所示，Ⓐ、Ⓑ、Ⓒ和①、②、③等轴线均为柱列轴线。

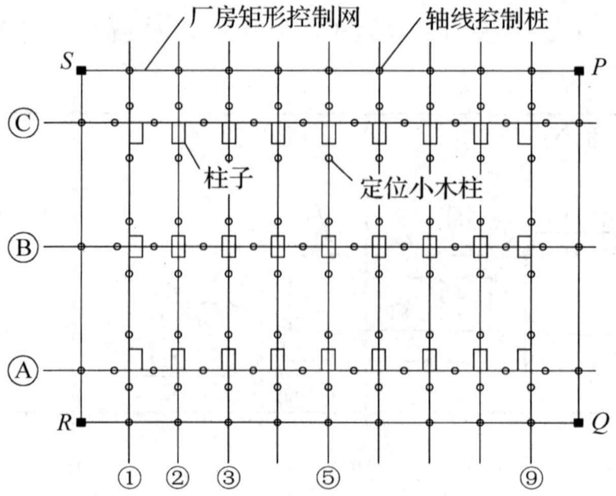

图 7-36 柱列轴线的测设

7.4.3 柱基施工测量

1. 柱基测设

柱基测设是指根据柱基平面图和柱基大样图中的有关尺寸，把基坑开挖的边线用白灰标示出来以便挖坑。为此需要安置两台经纬仪在相应的轴线控制桩上，如图 7-37 所示，先根据柱列轴线在地面上交会出各柱基定位点；然后按照柱基大样图中的有关尺寸，用特制角尺，根据定位轴线和定位点放出基坑开挖线，用白灰标明开挖范围，并在坑的四周钉 4 个小木桩，桩顶钉小钉作为修坑和立模板的依据。在进行柱基测设时，应注意定位轴线不一定都是基础中心线，一个厂房的柱基类型很多且尺寸不一，测设时要特别注意。

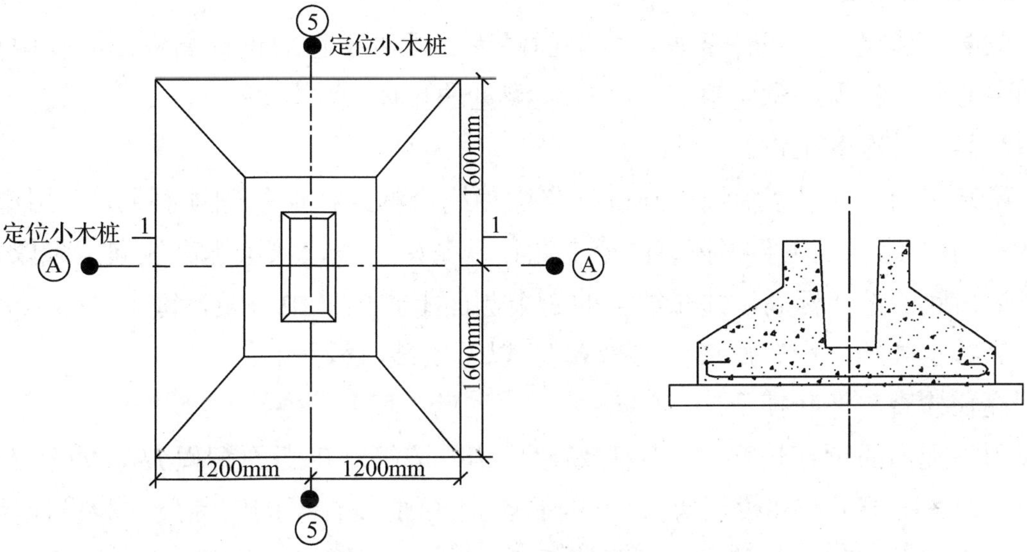

图 7-37 柱基平面图与剖面图

2. 基坑抄平

当基坑挖到一定深度时，应在坑壁四周离坑底设计高程为 0.3～0.5m 处设置几个水平桩，如图 7-38 所示，作为基坑修坡和清底的高程依据。此外，还应在基坑内测设出垫层的高程，即在坑底设置垫层标高桩，使桩顶高度恰好等于垫层的设计高程。

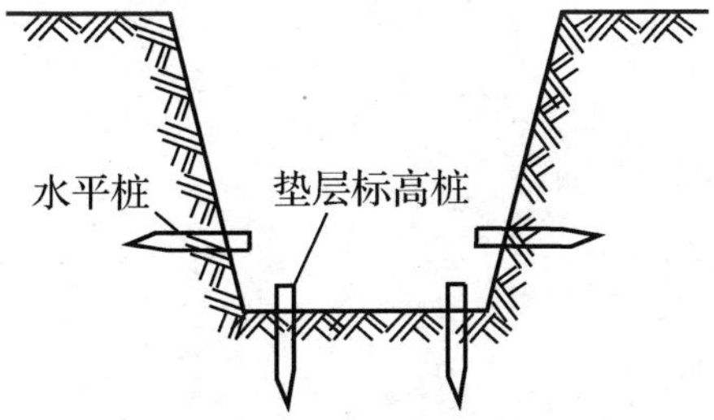

图 7-38 基坑抄平

3. 基础模板的定位

打好垫层之后，先根据坑边定位小木桩，用拉线的方法吊垂球把柱基定位线投到基坑的垫层上；然后用墨斗弹出墨线，用红油漆画出标记，作为柱基立模板和布置钢筋的依据，立模板时将模板底线对准垫层上的定位线，并用垂球检查模板是否竖直；最后将柱基顶面设计高程测设到模板内壁上。

7.4.4 厂房构件安装测量

装配式单层工业厂房主要由柱子、吊车梁、吊车轨道、屋架、天窗架和屋面板等构件组成，这些构件都是按照一定的尺寸预制的，在安装时必须保证各部件的位置正确，以免影响工程质量。本节主要介绍柱子、吊车梁、吊车轨道等构件的安装测量。

1. 柱子安装测量

柱子安装应满足以下设计要求：牛腿面高程必须等于它的设计高程；柱脚中心线必须对准柱列中心线；柱身必须竖直。柱子安装测量的具体做法如下。

（1）吊装前的准备工作。

柱子吊装以前，应根据轴线控制桩把定位轴线投测到杯形基础顶面上，并用墨线标明，如图 7-39 所示。此外，还要在杯口内壁上测设一条标高线，从该标高线向下量取一个整分米数，即到杯底的设计标高，并在柱子的 3 个侧面上弹出柱中心线，每个侧面上分上、中、下三点，在各点处画一小三角形标志“▲”，以便安装、校正。

（2）柱长检查与杯底抄平。

柱底到牛腿面的设计长度 l 加上杯底高程 H_1，应等于牛腿面高程 H_2，如图 7-40 所示。在制作柱子时，由于工艺和模板等方面的因素，不可能使柱子的实际尺寸和设计尺寸一样，因此往往在浇注基础时把基础底面标高降低 2～5cm，用钢尺从牛腿面沿柱子边量到柱底，按照各个柱子的实际长度，用 1 : 2 的砂浆在杯底进行找平，使牛腿面高程等于设计高程，允许误差为±5mm。

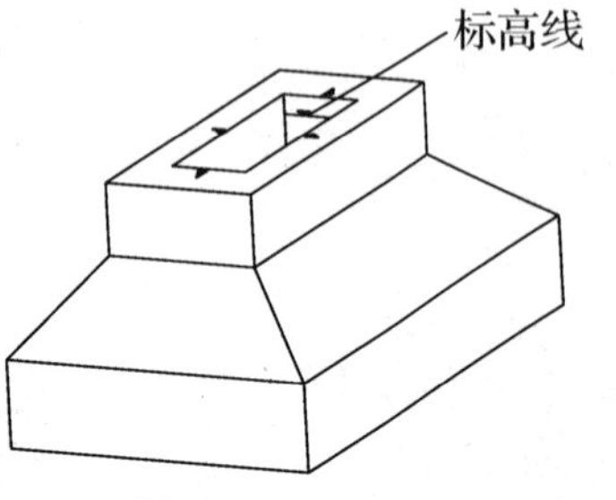

图 7-39 柱中心线和杯口标高线

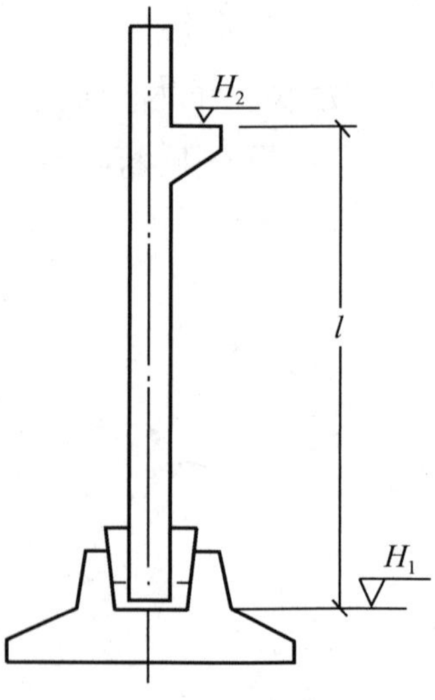

图 7-40 杯底抄平

（3）安装柱子时进行竖直校正。

如图 7-41 所示，柱子插入杯口后用楔子临时将其固定，先使柱身基本竖直，然后敲击楔子，使柱底中心线与杯口中心线对齐，偏差不应超过±5mm。接着进行柱子竖直校正，这时用两台经纬仪分别安置在互相垂直的两条柱列中心线上，到柱子的距离约为柱高的 1.5 倍。先瞄准柱子下部中心线，再抬高望远镜，检查柱中心线是否一直在同一竖直面内，若有偏差，则指挥吊装人员用拉线进行调整。正镜使柱子定位后，立即倒镜，再测量一次，若正镜、倒镜观测结果有偏差，则取其中数再进行调整，直到柱子竖直为止。

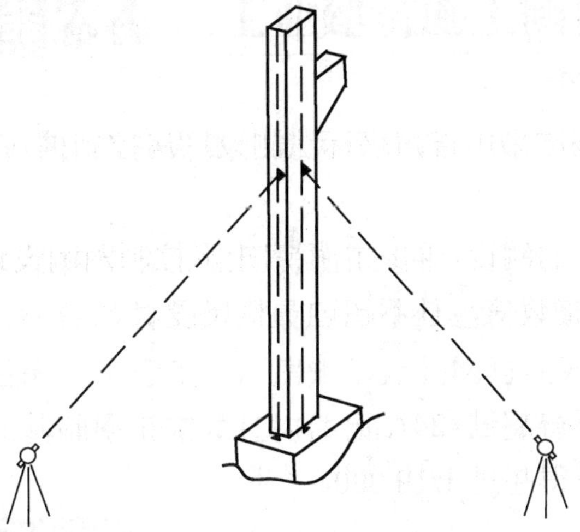

图 7-41　安装柱子时的竖直校正

在实际工作中往往先把数根柱子都竖起来，然后进行校正，这时可把经纬仪安置在轴线的一侧，并尽可能靠近轴线，与柱中心线的夹角一般不超过 15°，这样一次可以校正数根柱子。

在安装柱子时进行竖直校正应注意以下几点：经纬仪应经过严格的检校，观测时照准部水准管中的气泡应严格居中，应随时检测柱子下部中心线与杯口中心线是否对齐等。

2. 吊车梁安装测量

吊车梁安装应满足以下设计要求：梁顶高程应与设计高程一致；吊车梁的上、下中心线应和吊车轨道的设计中心线在同一竖直面内。吊车梁安装测量的具体做法如下。

（1）牛腿面抄平。

用水准仪根据水准点检查柱子±0.000m 标高，如果误差不超过±5mm，则原±0.000m 标高不变；如果误差超过±5mm，则重新测设±0.000m 标高位置，并以此结果作为修正牛腿面的依据。

（2）吊车梁中心线投点。

根据轴线控制桩或柱列中心线，按设计数据在地面上测设出吊车梁两端的中心线点，并钉木桩标志。安置经纬仪于一端后视另一端，抬高望远镜将吊车梁中心线投到每个牛腿面上，如果与柱子吊装前所画的中心线不一致，则以新投的中心线作为定位的依据。

（3）吊车梁安装。

在安装吊车梁前，已在吊车梁的两端及梁面上弹出吊车梁中心线的位置，因此使吊车梁中心线和牛腿面中心线对齐即可。

3. 吊车轨道安装测量

在安装吊车轨道前，要对吊车梁中心线进行检测，此项检测多采用平行线法，如图 7-42 所示。首先，在地面上从吊车轨道中心线向厂房中心线方向量出长度 1m，得到平行线 EE' 。其次，安置经纬仪于平行线一端点 E 上，瞄准另一点 E' ，固定照准部，仰起望远镜投测。此时，另一人在梁上移动横放的木尺，当视线正对木尺上的 1m 分划时，木尺的零点应与梁面上的中心重合。如果不重合，则应予以改正，直到吊车梁中心线到 EE' 的间距等于 1m 为止。采用同样的方法可检测另一条吊车轨道中心线。

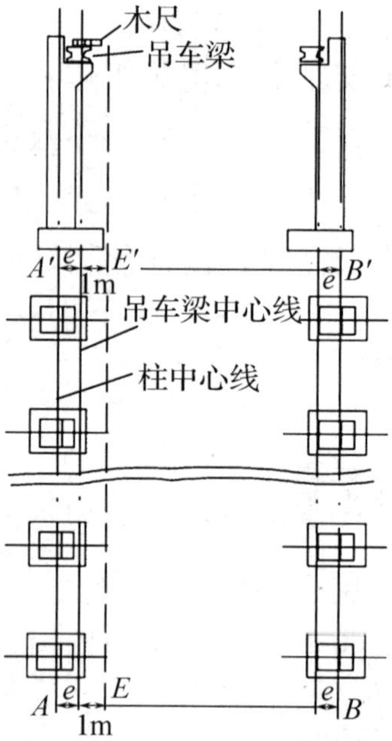

图 7-42 吊车轨道安装测量

吊车轨道安装就位后，可将水准仪安置在吊车梁上，将水准尺直接放在吊车轨道顶上进行检测。每隔 3m 测一点高程，与设计高程进行比较，误差不得超过±3mm。最后还要用钢尺检查两吊车轨道间的跨距，与设计跨距进行比较，误差不得超过±5mm。

任务 7.5 竣工测量

竣工测量是指各种工程建设竣工、验收时所进行的测绘工作。竣工测量的最终成果是竣工总平面图，它包括反映工程竣工时的地形现状、地上与地下各种建筑物（构筑物）及各类管线平面位置与高程的总现状的地形图和各类专业图等。竣工总平面图是设计总平面图在工程施工后实际情况的全面反映和工程验收时的重要依据，也是竣工后工程改建、扩建的重要基础技术资料。因此，工程单位必须重视竣工测量。

竣工测量包括外业测量和编绘竣工总平面图。

7.5.1 外业测量

1. 主要厂房及一般建筑物（构筑物）墙角和厂区边界围墙角的测量

对于较大的矩形建筑物，至少要测 3 个主要房角坐标；对于小型房屋，可测其长边上两个房角坐标，并测量其房宽注于图上；对于圆形建筑物，应测其中心坐标，并在图上注明其半径。

2. 架空管线支架测量

架空管线支架要求测出起点、终点、转点支架中心坐标，直线段支架用钢尺量出支架间距及支架本身的长度和宽度，在图上绘出每个支架的位置。如果支架中心不能测坐标，则可测支架对角两点的坐标，并取其中数，或者测支架一长边上的两角坐标，测量支架宽度注于图上。如果管线在转弯处无支架，则要求测出邻近两支架中心坐标。

3. 通信线路测量

高压、照明及通信线路需要测出起点、终点坐标及转点杆位中心坐标，高压铁塔要测出一条对角线上两基础中心坐标，另一对角的基础也应在图上表示出来，直线部分的电杆可用交会法确定其点位。

4. 地下管线测量

上水管线应测起点、终点、弯头三通点和四通点中心坐标，下水道应测起点、终点及转点井位中心坐标，地下电缆及电缆沟应测起点、终点、转点中心坐标。

5. 交通运输线路测量

厂区铁路应测起点、终点、道岔岔心、进厂房点和曲线交点坐标，同时要求测出曲线元素数据，包括半径 R、偏角 I、切线长 T 和曲线长 L。

厂区和生活区主要干道应测交叉路口中心坐标，公路中心线要按铺装路面量取。

对于生活区建筑物，一般可不测坐标，只在图上表示位置即可。

7.5.2 编绘竣工总平面图

竣工总平面图的编绘主要包括总图、专业分图和附表等的编绘工作。

1. 竣工总平面图的编绘内容

（1）由于竣工总平面图既要表示地面、地下和架空的建筑物（构筑物）的平面位置，又要表示细部点坐标、高程和各种元素数据，构成了相当密集的图面，因此比例尺的选择以能够在图面上清楚地表达出这些要素，用图者易于阅读、查找为原则，一般选用 1∶1000 的比例尺，对于特别复杂的厂区可选用 1∶500 的比例尺。

（2）一个生产流程系统，如炼钢厂、炼铁厂、轧钢厂等，应尽量放在一个图幅内，如果一个生产流程的工厂面积过大，那么也可以分幅，分幅时应尽量避免主要生产车间被分割。

（3）对于设施复杂的大型企业，若将地面、地下及架空的建筑物（构筑物）反映在同一个图面上，则不仅难以表达清楚，而且给图的阅读、查找带来很多不便。尤其现代企业的管理是各有分工的，如分为排水系统、供电系统、铁路运输系统等，因此既要有能够反映全貌的总图，又要有能够反映细部的专业分图。

（4）竣工总平面图上应包括建筑方格网点、水准点、厂房、辅助设施、生活福利设施、架空与地下管线、铁路等建筑物或（构筑物）的坐标和高程，以及厂区内空地和未建区的地形。有关建筑物（构筑物）的符号应与设计图例相同，有关地形的图例应使用《地形图图式》中规定的符号。

（5）总图可以采用不同的颜色表示出图上的各种内容，如厂房、车间、铁路、仓库、住宅等以黑色表示，热力管线用红色表示，高、低压电缆线用黄色表示，通信线用绿色表示，河流、池塘、水管用蓝色表示等。

（6）在已编绘的竣工总平面图上，要有工程负责人和编图者的签字，并附有以下资料。

① 测量控制点布置图、坐标及高程成果表。

② 每项工程施工期间的外业测量资料，并装订成册。

③ 对施工期间进行的测量工作和各个建筑物沉降和变形观测的说明书。

2. 竣工总平面图的编绘步骤

（1）先绘制坐标方格网。

（2）展绘控制点。

（3）展绘设计总平面图。

（4）展绘竣工总平面图。

当将建筑区地面和地下的所有建筑物（构筑物）绘在一张竣工总平面图上时，往往因线条过于密集而不醒目，为此可采用分类编图，如分为综合竣工总平面图、交通运输竣工总平面图和管线竣工总平面图等。

任务 7.6 全国职业院校技能大赛赛项剖析

全国职业院校技能大赛“工程测量”赛项旨在以高水平赛事引领职业教育高质量发展，通过工程测量竞赛，服务国家发展战略，促进学生全面发展，发挥树旗、导航、定标、催化作用。该赛项对接测量新技术、新方法，为各工程建设的标准化、系列化、生产快捷化等提供工程测量服务保障，检验参赛选手的工程测量基本理论知识、技术应用水平和测量仪器操作能力，培养学生在测绘施工放样、数据处理等方面的实践能力。

7.6.1 赛项简介

（参见“2023 年全国职业院校技能大赛工程测量赛项中职组学生赛赛项规程”）

大赛文件：2023 年全国职业院校技能大赛工程测量赛项中职组学生赛赛项规程

1. 竞赛内容

（1）理论知识竞赛。

理论知识竞赛试卷命题以工程测量技术专业为基础，结合国家职业标准《工程测量员》（职业编号：4-08-03-04）对中级技能的知识要求和生产岗位需要，适当增加新知识、新技术、新技能等相关内容。

（2）技能操作竞赛。

技能操作竞赛包括以下两项：四等水准测量和一级导线测量及单点放样。技能操作将根据观测、记录、数据处理等操作规范性、协调性、完成速度、外业观测和计算成果质量等进行评分。

竞赛内容一览表如表 7-2 所示。

表 7-2 竞赛内容一览表

模　块		主 要 内 容	规定用时/min	分　值
模块一	理论知识	建筑工程测量基础知识、水准测量、角度测量、距离测量与直线定向、测量误差的基本知识、平面控制测量、地形图的基本知识、施工测量、全站仪测量	100	20
模块二	四等水准测量	按四等水准测量精度要求，独立完成指定路线的水准测量外业观测和内业计算工作	60	35
模块三	一级导线测量及单点放样	按一级导线测量精度要求，独立完成指定的闭合导线测量外业观测及单点的放样和内业计算	70	45

2. 竞赛时间

（1）理论知识竞赛规定用时为 100min，在规定时间内完成，提前交卷不加分。

（2）四等水准测量规定用时为 60min，其中外业观测用时不得超过 55min（水准测量竞赛场地的高差小于 30m、路线长度小于 1.8km）。

（3）一级导线测量及单点放样规定用时为 70min，其中外业观测及单点放样用时不得超过 60min（导线两端高差小于 30m、边长在 250～450m 范围内）。

（4）四等水准测量总用时在 45min（含）以内的，时间分不扣分，在 45～60min 内完成的，每 1min 时段扣 1 分；完成时间超过 60min 停止比赛，该四等水准测量成果计 0 分（仪器操作部分视实际情况评分）；时间分满分为 15 分，扣完为止。

（5）一级导线测量及单点放样总用时在 55min（含）以内的，时间分不扣分；在 55～70min 内完成的，每 1min 时段扣 1 分；完成时间超过 70min 停止比赛，该一级导线测量及单点放样成果计 0 分（仪器操作部分视实际情况评分）；时间分满分为 15 分，扣完为止。

3. 竞赛成绩构成

各参赛队按理论知识竞赛占 20%、技能操作竞赛占 80%（其中四等水准测量占 35%，一级导线测量及单点放样占 45%）的比例计算总成绩。

4. 竞赛方式

（1）本次竞赛以团队方式进行，4 人/队，不得跨校组队，同一学校参赛队不超过 1 队，每队限报 2 名指导教师。

（2）理论知识竞赛采用机考（闭卷）形式进行，参赛选手在规定时间内完成答题任务，由计算机评分与计分。技能操作竞赛由参赛选手按要求现场完成四等水准测量和一级导线测量及单点放样的观测、记录、计算。

（3）本次竞赛不邀请境外代表队参赛和观摩。

大赛文件：2023 年全国职业院校技能大赛工程测量赛项中职组学生赛技术规范

7.6.2 赛项剖析

（参见“2023 年全国职业院校技能大赛工程测量赛项中职组学生赛技术规范”）

1. 理论知识竞赛

理论知识竞赛试题由赛项执委会从理论考试题库中抽取。

（1）理论知识竞赛采用机考（闭卷）形式进行，规定用时为 100min。

（2）试题类型为单项选择题（120 题，每题 0.5 分）和多项选择题（40 题，每题 1 分），满分为 100 分。

（3）试题范围参见“2023 年全国职业院校技能大赛工程测量赛项中职组学生赛理论考试大纲”。

大赛文件：2023 年全国职业院校技能大赛工程测量赛项中职组学生赛理论考试大纲

（4）考试时可使用普通型计算器。

（5）理论知识点的学习可参考本书相关项目任务的内容。

以“2023 年全国职业院校技能大赛工程测量赛项中职组学生赛理论考试大纲”为例，其内容如下。

第一章　建筑工程测量基础知识（参见本书“项目 1 测量基础知识”）

【基本要求】

1．掌握地面点位确定的基本知识。

2．掌握测量工作的原则与要求。

【考试内容】

1．水准面、大地水准面、绝对高程、相对高程、高差。

2．1956 年黄海高程系、1985 年国家高程基准及其相互关系。

3．平面直角坐标系、建筑坐标系。

4．测量工作的基本原则。

5．测量工作的三个基本要素（三大基本工作）。

6．建筑工程施工各阶段的测量工作内容。

第二章　水准测量（参见本书“项目 2 水准测量”）

【基本要求】

1．掌握水准测量的基本原理。

2．掌握常用水准仪系列主要技术参数（分类、型号及其精度指标的含义）。

3．掌握常用水准仪的基本结构及其使用方法。

4．掌握水准测量的一般规定（等外、四等水准路线的精度要求、外业观测记录、成果检核与计算方法）。

5．掌握水准仪检验的方法。

【考试内容】

1．水准测量的基本原理。

2．常用高程测量的方法。

3．水准仪系列主要技术参数（分类、型号及其精度指标的含义）。

4．水准仪的基本结构、各部件的功能和作用。

5．水准仪的使用、视差及其消除方法。

6．等外闭合、附合水准路线的观测方法、精度要求、记录与计算规则、成果检核与计算。

7．四等闭合、附合水准路线的观测方法、精度要求、记录与计算规则、成果检核与计算。

8．水准仪的轴线及其应满足的几何条件。

9．水准仪 i 角的检验。

第三章　角度测量（参见本书“项目 3 角度测量”）

【基本要求】

1．掌握角度（水平角、垂直角）测量的原理。

2．掌握经纬仪系列主要技术参数（分类、型号及其精度指标的含义）。

3．掌握常用经纬仪的基本结构及其使用方法。

4．掌握水平角测量的方法。

5．掌握经纬仪检验的方法。

【考试内容】

1．水平角、垂直角的概念、取值范围及其作用。

2．水平角、垂直角测量的原理。

3．经纬仪系列主要技术参数（分类、型号及其精度指标的含义）。

4．经纬仪的基本结构、各部件的功能和作用。

5．经纬仪的使用。

6．测回法——水平角观测方法、精度要求、记录与计算规则（多测回）。

7．全圆观测法——水平角观测方法、精度要求、记录与计算规则（两测回、三方向、归零）。

8．经纬仪的主要轴线及其应满足的几何条件。

9．经纬仪水准管轴垂直于竖轴的检验。

第四章　距离测量与直线定向（参见本书“任务 4.1 钢尺量距”“任务 5.1 直线定向”）

【基本要求】

1．掌握钢尺量距的一般方法。

2．掌握直线方向的表示方法。

【考试内容】

1．水平距离的概念。

2．倾斜距离、水平距离、高差的换算。

3．坐标方位角、象限角的概念。

4．坐标方位角的推算。

5．坐标方位角与象限角的换算。

6．坐标正算、坐标反算。

第五章 测量误差的基本知识（参见本书“任务 1.4 测量误差概述”）

【基本要求】

1．掌握测量误差的来源。

2．掌握系统误差、偶然误差的概念及其特性。

3．掌握平均误差、中误差、限差、相对误差、误差传播定律的概念。

【考试内容】

1．测量误差的来源。

2．系统误差的概念及特性。

3．偶然误差的概念及特性。

4．平均误差、中误差、限差、相对误差、误差传播定律的概念及计算。

第六章　平面控制测量（参见本书“任务 5.2 导线测量”）

【基本要求】

1．掌握平面控制测量的一般规定。

2．掌握单一导线布设形式。

3．掌握导线测量的外业观测和数据处理方法。

【考试内容】

1．建立平面控制网常用的方法。

2．单一导线的布设形式。

3．闭合导线的外业观测和数据处理方法。

4．附合导线的外业观测和数据处理方法。

5．支导线的外业观测和数据处理方法。

第七章　地形图的基本知识（参见本书“任务 6.1　地形图的基本知识”）

【基本要求】

1．掌握地形图的基本概念。

2．掌握地形图比例尺及其精度的概念。

3．掌握地形图上常用地物、地貌的表示方法。

【考试内容】

1．地形和地形图的概念。

2．地形图比例尺的概念、地形图比例尺精度。

3．常用地物符号的分类。

4．等高线、等高距、等高线平距、坡度的概念及计算。

第八章　施工测量（参见本书“任务 7.1　施工测量基本知识”“任务 7.2　施工场地控制测量”“任务 7.3　民用建筑施工测量”）

【基本要求】

1．掌握施工测量的一般规定。

2．掌握施工测量的基本工作。

3．掌握施工控制网的布设形式。

4．掌握建筑施工测量的基本知识。

【考试内容】

1．施工测量的一般规定。

2．施工测量的三个基本工作。

3．平面位置测设常用的四种方法。

4．建筑基线、建筑方格网。

5．建筑物定位、基础放线。

第九章　全站仪测量（参见本书“任务 5.4 认识全站仪”）

【基本要求】

1．掌握全站仪的基本概念、基本结构与发展简史。

2．掌握全站仪标称精度的含义。

3．掌握全站仪的作用和常用功能。

4．掌握全站仪坐标测量、坐标放样的方法。

【考试内容】

1．全站仪的定义。

2．全站仪标称精度的含义。

3．全站仪的作用和常用功能。

4．全站仪坐标测量。

5．全站仪坐标放样。

2. 技能操作竞赛

1）四等水准测量

（1）竞赛内容。

参赛队在规定时间内按四等水准测量精度要求，独立完成指定路线的水准测量外业观测和内业计算工作。

（2）主要技术要求。

① 根据国家标准《工程测量标准》（GB 50026—2020）、行业标准《城市测量规范》（CJJ/T 8-2011），四等水准测量基本技术要求如表 7-3 所示。

表 7-3　四等水准测量基本技术要求

项目等级	视线长度/m	前后视距差/m	前后视距差累积/m	黑红面读数较差/mm	黑红面所测高差较差/mm	环线闭合差/mm	视线离地面最低高度/m
四等	≤100	≤5.0	≤10.0	≤3.0	≤5.0	$\leqslant 20\sqrt{L}$	0.2

注：L 为水准路线长度，以 km 计。

② 观测时前后视距必须读取上下丝读数，上下丝读数应记录在手簿中。

③ 观测顺序按“后－后－前－前”顺序进行，在没有换站时，后视尺不得移动。

④ 各参赛队所测水准点高程误差不得超过±20mm。

⑤ 记录字迹工整、清晰，不得任意修改，记录者必须回报读数。

⑥ 水准测量各测段所设测站个数不限，但每个测段所设测站个数必须为偶数。

⑦ 高差的计算采用“奇进偶舍”的原则，记录、计算时的占位“0”及“±”必须填写。

（3）外业观测，完成“四等水准测量外业观测记录表”的填写。

水准路线的形式是由一个已知点和三个未知点组成的闭合水准路线，如图 7-43 所示（参见本书“任务 2.3 水准路线测量”）。

① 按照竞赛流程，每位选手完成一个测段（两个固定点之间的路线）的观测和记录与计算。

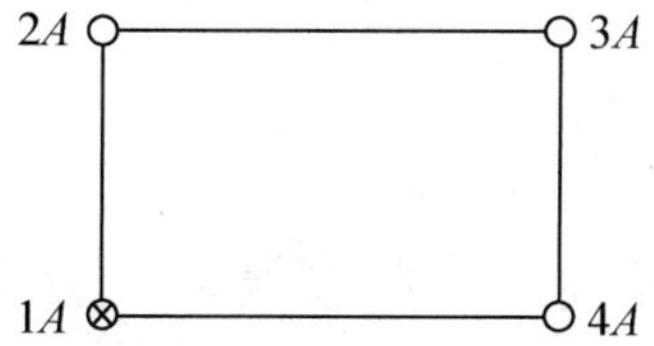

图 7-43 闭合水准路线示意图

② 严格按照仪器操作、记录与计算的评分标准要求，规范操作、准确记录、严谨计算、细致检核。

③“四等水准测量外业观测记录表”的填写、计算、检核方法参见本书“任务 5.3 高程控制测量”。以“2023 年全国职业院校技能大赛工程测量赛项中职组学生赛技术规范”中四等水准测量外业观测记录表样例的第一个测站为例（见图 7-44），注意事项如下。

2023 年全国职业院校技能大赛工程测量赛项中职组学生赛

四等水准测量外业观测记录表

场次-线路抽签号：3-F　　观测日期：2023.6. 18.

测量（号）：1　　记录（号人）：2

测站编号	点号	后尺 上丝 / 下丝；后视距；前后视距差/m	前尺 上丝 / 下丝；前视距；前后视距差累积/m	方向及尺号	标尺读数/mm		黑+K−红/mm	高差中数/m	备注
					黑面	红面			
1	1F-P1P	(1) 2433	(5) 1116	后 K_1	(3) 2122	(4) 6810	(13) −1		K_1=4687m K_2=4787m
		(2) 1810	(6) 0497	前 K_2	(7) 0801	(8) 5590	(14) −2		
		(9) 62.3	(10) 61.9	后—前	(15) +1321	(16) +1220	(17) +1	(18) +1.320	
		(11) +0.4	(12) +0.4						

图 7-44 四等水准测量外业观测记录表样例的第一个测站

与本书“任务 5.3 高程控制测量”中三等、四等水准测量观测顺序不同，比赛过程按“后一后一前一前”顺序进行观测；后视距（9）=[（1）−（2）]$\times10^{-3}\times100$=(2433−1810)$\times10^{-3}\times100$=62.3m，前视距（10）=[（5）−（6）]$\times10^{-3}\times100$=(1116−0497)$\times10^{-3}\times100$=61.9m；起、终测站须注 1#、2#标尺的尺常数 K_1、K_2，各测站高差中数取至 1mm。第一测站后视尺 1#尺常数为 K_1=4687m，前视尺 2#尺常数为 K_2=4787m。一测站的观测、记录、计算、检核完成后方可迁站，一测段结束时需要进行测段检核。

（4）内业计算，完成“水准测量成果计算表”的填写，计算方法、填写要求参见本书“任务 2.4 水准测量的成果计算及误差分析”。

2）一级导线测量及单点放样

（1）竞赛内容。

参赛队在规定时间内按一级导线测量精度要求，独立完成指定的闭合导线测量外业观测及 3 号点的放样和内业计算。外业观测包括 1 个连接角和 4 个转折角（左角）测量（5 个角均采用测回法进行两测回观测），以及 4 条导线边测量（每条导线边水平距离采用往返测各进行一测回）。内业计算根据给定的已知点 A 的坐标和 A 点到 P 点的坐标方位角（或 P 点的坐标），经平差计算出 3 个指定未知点（含 3 号点）的平面坐标。

（2）主要技术要求。

① 根据国家标准《工程测量标准》（GB 50026－2020）、行业标准《城市测量规范》（CJJ/T 8-2011），一级导线测量及单点放样主要技术要求如表 7-4 所示。

表 7-4　一级导线测量及单点放样主要技术要求

等级	测回数	水平角上下半测回较差 /″	两测回角度差 /″	一测回盘左、盘右读数较差 /mm	往返测距离差 /mm	方位角闭合差 /″	导线相对闭合差
一级	2	12	12	10	10	$10\sqrt{n}$	≤1/15 000

注：n 为转折角的个数。

② 仪器和觇牌的对中误差不得超过 2mm，整平水准管中的气泡，偏差不得超过 1 格。

③ 各参赛队所测导线点位误差不得超过±20mm。

④ 记录字迹工整、清晰，不得任意修改，记录者必须回报读数。

⑤ 角度、距离的计算采用“奇进偶舍”的原则，记录、计算时的占位“0”及“±”必须填写。

（3）外业观测，完成“水平角测量记录表”“距离测量记录表”的填写。

“一级导线测量及单点放样”模块中导线的布设形式是由 1 个已知点及已知方向和 3 个未知点（3 号点待放样）组成的闭合导线，如图 7-45 所示。

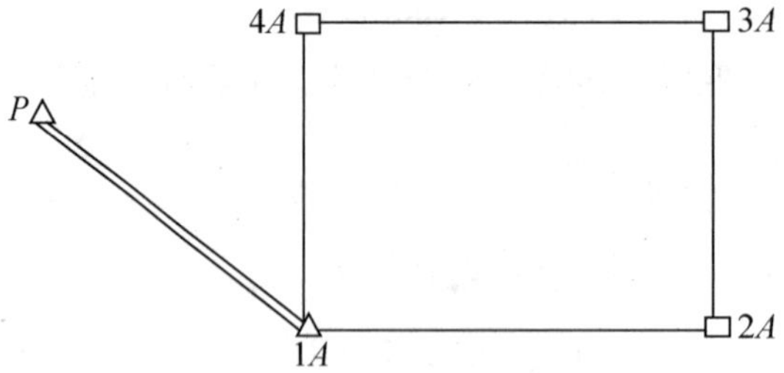

图 7-45　闭合导线示意图

“水平角测量记录表”的计算与检核方法、填写要求，参见本书“3.3.1 节测回法”。记录应规范、完整且符合记录规定，计算应准确。

（4）完成“放样测站计算表”的填写，解算放样测站点坐标。

以图 7-45 中的闭合导线为例，解算放样测站点 2*A* 的坐标需要分清两种情况，这也是竞赛容易失分的点。

① 已知 1*A* 点坐标、1*A* 点到 *P* 点的坐标方位角，解算放样测站点 2*A* 的坐标（参见本书“5.1.2 节坐标方位角的计算”“5.1.4 节坐标计算”）。

② 已知 1*A*、*P* 两点的坐标，需要用坐标反算法求解 *P*-1*A* 边的坐标方位角（参见本书“5.1.3 节象限角与坐标方位角的关系”“5.1.4 节坐标计算”，解算放样测站点 2*A* 的坐标。

（5）内业计算。

表格填写方法、计算步骤、注意事项参见本书“5.2.3 节导线的内业计算”。

素养提升

高铁轨道的平顺性与测量技术密切相关。测量技术是保证高铁安全、平稳、快速运行的基础。高铁轨道的几何形状和参数必须通过精确的测量技术来确定。例如，高铁轨道的平直度、曲线半径、高低差等参数会直接影响到高铁的运行速度、平稳度和乘客的舒适度。如果这些参数的测量不准确，则可能会导致高铁行驶的不稳定，甚至可能引发安全事故。高铁轨道的维护和更新需要测量技术的支持。由于高铁的质量很大、运行速度很快，因此对高铁轨道几何形状和参数的变化需要高度敏感。这就需要定期对高铁轨道进行测量，以便及时发现并解决可能导致不安全的问题。高铁的运行也需要精确的测量技术的支持。在高铁行驶过程中，需要对高铁轨道的几何形状和参数进行实时监测，以确保安全性和舒适性。这种实时监测需要依靠先进的测量技术和设备来实现。测量技术在保证高铁轨道的平顺性方面起着至关重要的作用。

测量工作的核心就是精准。在国家建设中，测量结果直接关系到工程质量、安全和效益。如果测量数据不准确，那么将会导致工程出现质量问题，甚至可能引发重大安全事故。因此，测量人员需要具备高度的责任心和敬业精神，严格把控每个测量环节，确保测量数据的精准性和可靠性，为推动国家建设事业不断发展提供支撑和保障。

技能实训

1．测设的基本工作有哪些？

2．测设点的平面位置有哪几种方法？各适用于什么场合？

3．施工测量包括哪些内容？它有哪些特点？

4．龙门板的作用是什么？如何设置龙门板？在施工场地有时标定了轴线控制桩，为什么还要测设轴线引桩？

5．如何进行柱子的垂直校正的测量工作？

6．试述高层建筑施工测设的主要工作。

7．吊车梁的安装测量应达到什么目的？每个项目是怎样实现的？

8．如图 7-46 所示，$\alpha_{MN}=300°04'$，$x_M=24.22\text{m}$，$y_M=86.71\text{m}$，$x_A=42.34\text{m}$，$y_A=85.00\text{m}$，计算将仪器安置在 M 点时用极坐标法测设 A 点所需的数据。

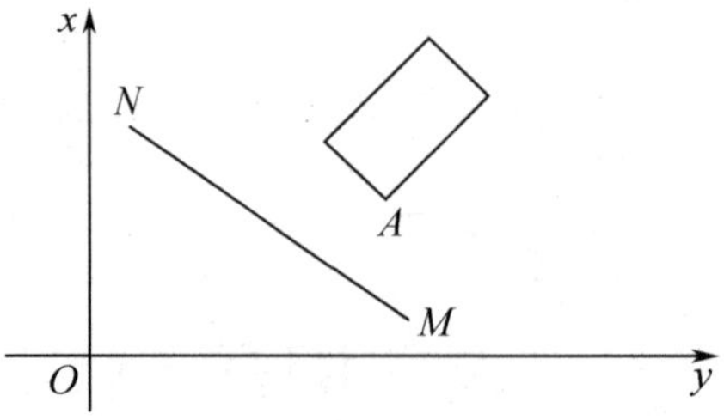

图 7-46　极坐标法测设 A 点

9．利用高程为 44.570m 的水准点，测设高程为 44.000m 的室内±0.000m 标高。水准尺立在水准点上时按水准仪的视线在水准尺上画一条线，问在同一个水准尺上应该在什么地方再画一条线才能使视线对准此线时水准尺底部就对准±0.000m 标高的位置？

10．竣工测量的目的是什么？它和地形图测量有何区别？

11．竣工总平面图的内容有哪些？

项目 8

建筑物变形观测

知识目标

了解变形观测的基本原理；掌握沉降观测、倾斜观测、位移观测、裂缝观测、挠度观测的基本方法。

能力目标

理解沉降观测、倾斜观测、位移观测、裂缝观测、挠度观测的基本原理，能够进行相应的测量工作。

项目导入

工程建筑物的全部重量要由地基承受，当在具有压缩性的地基（如黏土、砂土）上建造建筑物时，地基受压后，建筑物就会逐渐下沉，不均匀的沉降会引起建筑物变形，严重时可能使建筑物产生倾斜和裂缝，以致危及建筑物的安全或减少其使用年限。因此，应在施工过程中及交付使用后对建筑物进行变形观测，以便及时发现问题，采取相应的措施保护建筑物。建筑物变形观测包括哪些监测项目？如何选取观测点？变形观测精度如何控制？变形观测周期、观测方法如何选择？本项目的内容将会解决上述问题 。

随着我国经济的发展，各种复杂的大型建筑物日益增多。在建筑物的建造过程中，由于建筑物基础的地质构造不均匀、土壤的物理性质不同、大气温度的变化、地基的塑性变形、地下水位季节性和周期性的变化、建筑物本身的荷重、建筑物的结构及动荷载的作用，因此建筑物将发生沉降、倾斜、位移、裂缝、弯曲和扭曲等现象，为了不影响建筑物的正常使用，保证工程质量和安全生产，同时也为今后合理地进行设计积累资料，必须在施工过程中及交付使用后对建筑物进行变形观测。实践证明，变形观测已成为工程建设中十分重要的一项工作内容。

建筑物变形观测主要包括沉降观测、倾斜观测、位移观测、裂缝观测和挠度观测，本项目将分别对其进行介绍。

任务 8.1 沉降观测

建筑物的沉降是地基、基础和上层结构共同作用的结果。沉降观测是指测量建筑物上所设观测点与水准点之间随时间推移的高差变化量。通过沉降观测，研究并解决地基沉降问题和分析相对沉降是否有差异，以检测建筑物的安全性。

1. 水准点和观测点的布设

沉降观测是根据布设在建筑物附近的水准点进行的，所以水准点的布设要综合考虑水准点的稳定性、观测方便和精度要求。为了相互检核并防止由于个别水准点的高程变动造成差错，一般要求布设 3 个水准点，它们应布设在受压、受震范围以外，埋设深度在冻土线以下 0.5m，以保证水准点的稳定性，但又不能离观测点太远（不应大于 100m），以提高观测精度。

观测点的数目和位置应能全面反映建筑物沉降的情况，这与建筑物的大小、荷重、基础形式和地质条件有关。在一般情况下，沿房屋四周每隔 10～15m 布设一个观测点。另外，在最容易变形的地方，如设备基础、柱子基础、伸缩缝两旁、基础形式改变处、地质条件改变处等也应布设观测点。观测点的埋设要求稳固，通常采用角钢、圆钢或铆钉作为观测点的标志，分别埋设在砖墙上、钢筋混凝土柱子上和设备基础上。

2. 观测时间间隔、方法和精度要求

一般在增加荷重前后，如基础浇灌、回填土、安装柱子和屋架、砌筑砖墙、设备运转等前后都应进行沉降观测，当基础附近地面荷重突然增加、周围大面积积水、周围大量挖方等时也应进行沉降观测。工程完工以后，应连续进行沉降观测，观测时间间隔可按沉降量大小及速度而定，在开始时可每隔 1～2 个月观测一次，以后随着沉降速度的减慢，可逐渐增大观测时间间隔，直到沉降稳定为止。

水准点是衡量观测点沉降量的依据，必须以永久性水准点为根据精确测定。在进行沉降观测时应往返观测，并且应经常检查有无变动。对于重要厂房和重要设备基础的观测，要求能反映出 1～2mm 的沉降量。因此，必须应用 S_1 级以上精密水准仪和精密水准尺进行

往返观测，其观测的闭合差不应超过±1$\sqrt{n}$mm（n 为观测点数），观测应在成像清晰、稳定的条件下进行。对于一般厂房建筑物，观测精度要求可适当放宽些，可以使用四等水准测量的水准仪进行往返观测，观测的闭合差不应超过±2$\sqrt{n}$mm。

3. 沉降观测的成果整理

每次沉降观测结束后，都应检查观测手簿中的数据和计算是否合理、正确，以及观测精度是否合格等。把历次各观测点的高程填到成果表（见表 8-1）中，计算两次观测之间的沉降量和累积沉降量，并注明观测日期。

表 8-1 某体育运动学校办公楼沉降观测成果表

观测次数	观测日期	各观测点的沉降情况											
		1#点			2#点			3#点			4#点		
		高程/cm	本次沉降量/mm	累积沉降量/mm	高程/cm	本次沉降量/mm	累积沉降量/mm	高程/cm	本次沉降量/mm	累积沉降量/mm	高程/cm	本次沉降量/mm	累积沉降量/mm
1	2000.5.4	712.67	0	0	709.53	0	0	690.79	0	0	692.79	0	0
2	2000.6.8	712.62	0.5	0.5	709.53	0	0	690.75	0.4	0.4	692.75	0.4	0.4
3	2000.8.5	712.55	0.7	1.2	709.44	0.9	0.9	690.58	1.7	2.1	692.58	2.7	3.1
4	2001.1.5	712.41	1.4	2.6	709.25	1.9	2.8	690.25	3.3	5.4	692.24	3.4	6.5
5	2001.5.6	712.22	1.9	4.5	709.00	2.5	5.3	690.14	1.1	6.5	692.02	2.2	8.7
6	2001.8.9	711.99	2.3	6.8	708.88	1.2	6.5	690.05	0.9	7.4	691.85	1.7	10.4

任务 8.2 倾斜观测

基础的不均匀沉降将使建筑物倾斜，这对于高大建筑物影响更大，严重的不均匀沉降会使建筑物产生裂缝甚至倒塌。因此，必须及时进行倾斜观测、处理，以保证建筑物的安全。

对需要进行倾斜观测的一般建筑物，要在几个侧面进行观测。如图 8-1 所示，在到墙的距离大于墙高的地方选一点 A 安置经纬仪后，分别以正镜、倒镜瞄准墙顶上一个固定点 M，向下投影取其中点 M_1。过一段时间再用经纬仪瞄准同一点 M，向下投影得到点 M_2。若建筑物沿侧面发生倾斜，M 点已经移位，则 M_2、M_1 两点不重合，于是得到偏移量 e_M。同时，在另一侧也可以得到偏移量 e_N，利用矢量加法可求得建筑物的总偏移量 e，即

$$e=\sqrt{e_M^2+e_N^2}$$

若用 H 表示建筑物高度，则建筑物的倾斜度为

$$i = e/H$$

当测量圆形建筑物，如烟囱、水塔等的倾斜度时，首先求出顶部中心实际位置 O' 对顶部中心设计位置 O 的偏心距，如图 8-2 中的 OO'，其做法如下。

在靠烟囱底部所选定的方向平放一个标尺，使标尺与方向线垂直。安置经纬仪在标尺的垂直平分线上，并且其到烟囱的距离小于烟囱高度的 1.5 倍。用望远镜分别瞄准底部边缘两点 A、A' 及顶部边缘两点 B、B'，并分别投点到标尺上，设读数分别为 y_1、y_2 和 y_1'、y_2'，则横向倾斜量为

$$\delta_y = \frac{y_1' + y_2'}{2} - \frac{y_1 + y_2}{2}$$

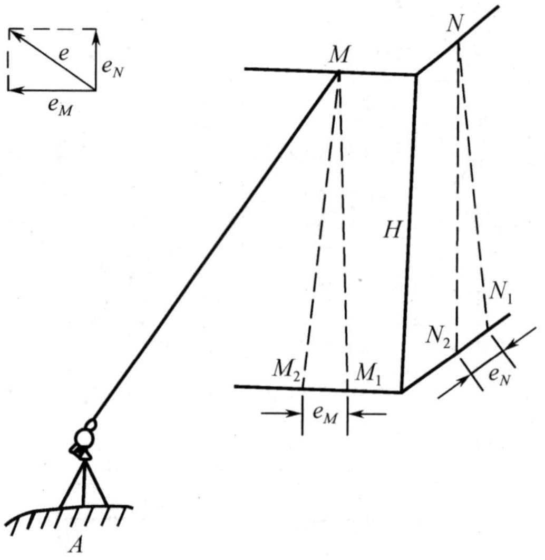

图 8-1　一般建筑物的倾斜观测

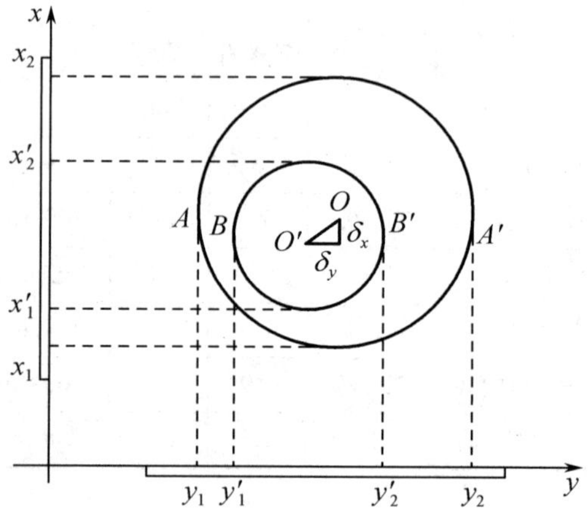

图 8-2　圆形建筑物的倾斜观测

采用同样的方法安置经纬仪及标尺于烟囱的另一个垂直方向，测得底部边缘和顶部边缘在标尺上投点的读数分别为 x_1、x_2 和 x_1'、x_2'，则纵向倾斜量为

$$\delta_x = \frac{x_1' + x_2'}{2} - \frac{x_1 + x_2}{2}$$

烟囱的总倾斜量为

$$OO' = \sqrt{\delta_x^2 + \delta_y^2}$$

烟囱的倾斜方向角为

$$\alpha_{OO'} = \arctan\frac{\delta_y}{\delta_x}$$

式中，$\alpha_{OO'}$——以 x 轴为标准方向线的方向角。

以上观测要求仪器的水平轴严格水平，否则应以正镜、倒镜观测两次并取平均数。

任务 8.3 位移观测

根据平面控制点测定建筑物（构筑物）的平面位置随时间变化的工作，称为水平位移观测，其目的是确定建筑物（构筑物）平面位移的大小和方向。建筑物位移可能发生在任意方向，也可能发生在某一特定方向。任意方向位移的观测常采用前方交会法，对某些不宜用交会法观测的建筑物，也可采用导线测量方法。位移值均通过比较不同观测周期所得的观测点坐标求得。在一般情况下，当交会边长在 100m 左右时，用 J_1 型经纬仪测 6 个测回，位移值测定中误差不得超过±1mm。特定方向位移的观测常采用基准线法和小角法等。

1. 基准线法

基准线法是指以垂直于位移方向建立一条基线，在建筑物上布设一些观测点，定期测定各观测点偏离基准线的距离，以计算其位移值。在基线上确定不少于 3 个基点作为控制点，控制点与观测点位于同一直线上。观测时将经纬仪安置在一个控制点上，瞄准另一个控制点，此视线方向即基准线方向。根据基准线在与观测点等高度处设置标志，用测微尺测定观测点偏离基准线的水平距离，便可得知水平位移值。

2. 小角法

如图 8-3 所示，*A*、*B*、*C* 为控制点，控制点埋设要牢固，*M* 为观测点，可用红油漆在墙上涂三角形符号作为标志。经纬仪置于 *A* 点，用测回法观测 $\angle BAM$ 的值，设第一次观测得到的值为 β，第二次观测得到的值为 β'，两者之差 $\Delta\beta=\beta'-\beta$，则建筑物在该方向的水平位移值 $\delta=\dfrac{\Delta\beta}{\rho}D$，在与该方向垂直的墙面上标定观测点 *N*，同理可获得该方向的水平位移值，利用勾股定理便可求得建筑物的合位移。

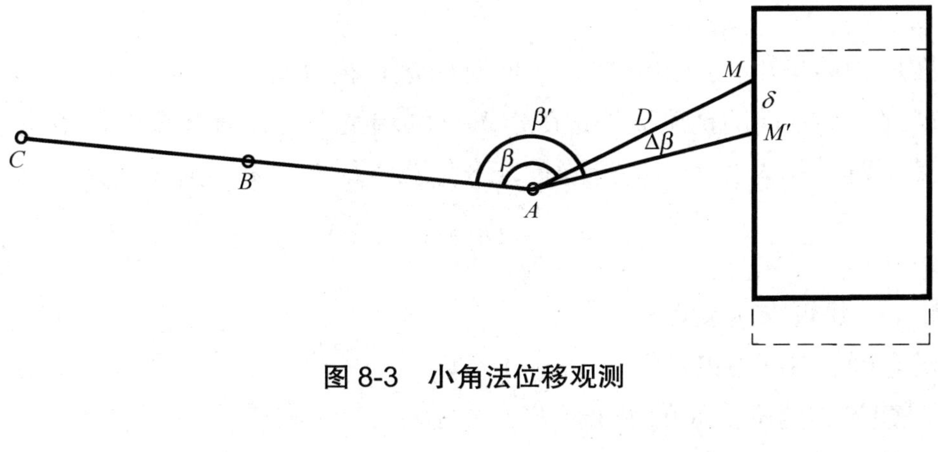

图 8-3 小角法位移观测

任务8.4 裂缝观测

当建筑物产生裂缝时，应系统地进行裂缝变化的观测，并画出裂缝的分布图，量出每条裂缝的长度、宽度和深度。

为了观测裂缝的发展情况，要在裂缝处设置标志，如图 8-4 所示。观测标志可用两片白铁皮制成，一片尺寸为 150mm×150mm，固定在裂缝的一侧，并使其一条边和裂缝的边缘对齐；另一片尺寸为 50mm×200mm，固定在裂缝的另一侧，并使其一部分紧贴在对侧的一块上，两块白铁皮的边缘应彼此平行。标志固定好后，在两片白铁皮露在外面的表面涂上红色油漆，并写上编号和日期。标志设置好以后，如果裂缝继续增大，则白铁皮逐渐被拉开，露出正方形白铁皮上没有涂油漆的部分，它的宽度就是裂缝增大的宽度，可以用尺子直接量出。

图 8-4 裂缝观测

任务8.5 挠度观测

建筑物在应力的作用下产生弯曲和扭曲时应进行挠度观测。

（1）建筑物水平方向的挠度观测：在建筑物两端及中间设置 3 个沉降点进行沉降观测，可以测得在某个时间段内 3 个点的沉降量，分别为 h_a、h_b、h_c，则挠度为

$$\tau = \frac{1}{2S_{ac}}(h_a + h_c - 2h_b)$$

式中，h_a、h_b——建筑物两端点的沉降量；

h_c——建筑物中间点的沉降量；

S_{ac}——建筑物两端点间的水平距离。

（2）建筑物竖直方向的挠度观测：测定在不同高度上的几何中心或棱边等特殊点相对

于底部几何中心或相应点的水平位移，并将这些点在铅垂面上的投影绘成曲线，该曲线就是挠度曲线。建筑物垂直面内各不同高程点相对于最低点的水平位移称为挠度。

挠度观测常采用垂线法，即从建筑物顶部悬垂一根铅垂线，直通至底部或基岩上，借助光学式或机械式的坐标仪表量测出各点与铅垂线最低点之间的相对位移。

如图 8-5 所示，O 为建筑物底部几何中心（最低点），M 为建筑物顶部几何中心（顶点），F 为挠度曲线，建筑物上任意点 N 的挠度 S_N 可按下式计算：

$$S_N = S_0 - S'_N$$

式中，S_0——建筑物顶点与最低点之间的相对位移；

S_N'——建筑物上任意点 N 与顶点间的相对位移。

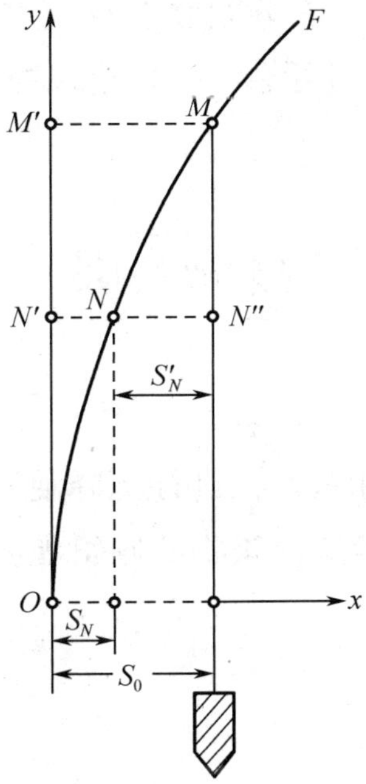

图 8-5 挠度观测

素养提升

“差之毫厘，谬以千里”可以用来描述建筑物变形观测的重要性。

建筑物变形观测是通过定期对建筑物进行测量和观察，以监测其变形情况，并采取相应措施的一种工程。在建筑物变形观测中，即使起初的误差只有一点点，但随着时间的推移和各种因素的影响，这些误差会逐渐累积并导致建筑物的变形超出允许范围，从而造成安全隐患。

建筑物变形观测的重要性体现在以下几点：建筑物变形超标可能会导致建筑物的结构破坏、墙体开裂、地面塌陷等问题，从而造成安全隐患。通过进行建筑物变形观测可以及时发现问题并采取相应措施，避免或减少安全事故的发生，保障人民群众的生命财产安全。

变形观测不仅是保障建筑物安全的重要手段，还是提高工程质量的重要措施。通过对建筑物进行定期的变形观测，可以及时发现和解决潜在的质量问题，避免或减少工程缺陷和故障的产生。建筑物变形观测可以提供大量有关建筑物变形的数据和信息，这些数据和信息对于科学研究具有重要的参考价值。通过对建筑物变形进行研究和分析，可以深入了解建筑物变形的机理和影响因素，为建筑物的设计、施工、维护和管理提供科学依据。建筑物变形观测需要使用各种先进的测量仪器和技术，这些仪器和技术的发展与应用可以促进相关领域的技术进步、创新。同时，建筑物变形观测也可以推动相关领域的技术交流和合作，促进技术水平的不断提高。

建筑物变形观测是一项非常重要的工作，它不仅关系到人民群众的生命财产安全，还关系到工程质量和科学研究的发展。在建筑物变形观测中，必须始终保持高度的责任心和专业素养，确保监测数据的准确性和可靠性，为建筑物的安全和稳定提供有力保障。

技能实训

1．建筑物变形观测主要包括哪些内容？

2．建筑物沉降观测的目的是什么？在进行沉降观测时，如何布设水准点和观测点？

3．何谓倾斜观测？如何进行塔式建筑物的倾斜观测？

参考文献

[1] 李社生，刘宗波．建筑工程测量[M]．大连：大连理工大学出版社，2004.

[2] 李生平．建筑工程测量[M]．北京：高等教育出版社，2002.

[3] 胡勇，李莲．建筑工程测量[M]．哈尔滨：哈尔滨工业大学出版社，2012.

[4] 熊春宝，姬玉华．测量学[M]．天津：天津大学出版社，2001.

[5] 潘延玲．测量学[M]．北京：中国建材工业出版社，2001.

[6] 合肥工业大学，重庆建筑大学，天津大学，等．测量学[M]．4 版．北京：中国建筑工业出版社，1995.

[7] 侯国富，攀炳奎，洪莉芳．建筑工程测量[M]．北京：测绘出版社，1987.

[8] 章书寿，陈福山．测量学教程[M]．北京：测绘出版社，1991.

[9] 汪铁生，翁丙姝，王泽良．地形测量学[M]．东营：中国石油大学出版社，1991.

[10] 李世林，宋英华．大比例尺地形图绘制[M]．北京：测绘出版社，1987.

[11] 顾孝烈．测量学[M]．上海：同济大学出版社，1990.

[12] 姜美鑫，徐庆荣，等．地形图绘制[M]．北京：测绘出版社，1982.

[13] 同济大学测量系，清华大学测量教研组．测量学（土建专业用）[M]．北京：测绘出版社，1991.

[14] 张建强．房地产测量[M]．北京：测绘出版社，1994.

[15] 郭宗河．房地产测量学[M]．东营：中国石油大学出版社，1997.

[16] 武汉测绘科技大学测量平差教研室[M]．测量平差基础．北京：测绘出版社，1996.

[17] 张建强．房地产绘图[M]．北京：测绘出版社，1992.

[18] 李青岳．工程测量学[M]．北京：测绘出版社，1984.

[19] 孙振先，李国顺．测量学[M]．北京：煤炭工业出版社，1987.

[20] 薛国光．施工测量[M]．北京：中国铁道出版社，1984.

[21] 杨松林．测量学[M]．北京：中国铁道出版社，2002.

[22] 王依，过静珺．现代普通测量学[M]．北京：清华大学出版社，2001.

[23] 徐时涛，夏英宣．实用测量学[M]．重庆：重庆大学出版社，1990.

[24] 武汉测绘科技大学《测量学》编写组．测量学[M]．3 版．北京：测绘出版社，1991.

[25] 高井祥，张书毕，汪应宏，等．测量学[M]．徐州：中国矿业大学出版社，1998.

[26] 冯仲科．测量学通用教程[M]．北京：测绘出版社，1996.